刘余莉细讲
群书治要系列

群書治要 孝經講記

Xiao Jing · Jiang ji

刘余莉 ◎ 讲述

图书在版编目（CIP）数据

《群书治要·孝经》讲记／刘余莉著. -- 北京：世界知识出版社，2024.3

ISBN 978-7-5012-6611-1

Ⅰ．①群… Ⅱ．①刘… Ⅲ．①家庭道德－中国－古代 ②《孝经》－研究 Ⅳ．① B823.1

中国版本图书馆CIP数据核字（2022）第248453号

《群书治要·孝经》讲记
Qunshuzhiyao Xiaojing Jiangji

作　　者	刘余莉
责任编辑　薛　乾	特邀编辑　杨　娟　李　倩　陈文庆
责任出版	李　斌
装帧设计	周周设计局　　内文制作　宁春江
出版发行	世界知识出版社
地　　址	北京市东城区干面胡同51号（100010）
网　　址	www.ishizhi.cn
联系电话	010-65265919
经　　销	新华书店
印　　刷	廊坊市海涛印刷有限公司
开本印张	710×1000毫米　1/16　15印张
字　　数	167千字
版次印次	2024年3月第一版　2024年3月第一次印刷
标准书号	ISBN 978-7-5012-6611-1
定　　价	25.00元

（凡印刷、装订错误可随时向出版社调换。联系电话：010-65265919）

目 录

第一讲 仲尼居，曾子侍…………1

第二讲 文王事父、文帝事母的榜样…………18

第三讲 守富贵最简单易行的方法…………29

第四讲 承传家风家业的方法…………43

第五讲 寻常百姓家的孝道…………58

第六讲 以仁恕存心的子羔…………72

第七讲 敬重妻子，敬重自身…………91

第八讲 敬重父亲的最高境界…………108

第九讲 做人的四个庄重…………123

第十讲 事亲的五种孝行…………139

第十一讲 "管仲论相"的智慧…………151

第十二讲 道德教育的三个重点…………170

第十三讲 中国人的大天下情怀…………188

第十四讲 一味地顺从是孝吗…………204

第十五讲 齐景公和晏子的道义之交…………221

第一讲　仲尼居，曾子侍

《群书治要》卷九为《孝经治要》。《孝经》是记载孔子向弟子传授孝道的一部经典，是孔子为"六经"所作的纲领性著作，在儒家经典中占有非常重要的地位。"六经"包括《诗》《书》《礼》《易》《乐》《春秋》，由孔子整理，描述了孔子的政治理想，包括大同世界的目标和图景，以及圣人、贤人和君子的不同修养境界等。

从哪里入手，修身、齐家、治国、平天下才能达到圣贤境界，达到天下太平呢？如果这个问题没有解决，"六经"就不能落实，就会沦为空中楼阁。孔子讲《孝经》的目的是提纲挈领，把"六经"精要提炼出来，以便身体力行。就像研究地图，虽然已经研究了从北京到伦敦应该怎么走，乘坐哪种交通工具最方便快捷，但如果不去走，就永远到达不了目的地。所以，孔子说："吾志在《春秋》，行在《孝经》。"历史上有"孔子作《春秋》，而乱臣贼子惧""《春秋》一字寓褒贬"等说法。孔子通过《春秋》来评定是非、善恶、美丑，使乱臣贼子的真面目无法隐瞒。而孔子的评定所根据的就是天道，就是性德。

《论语》讲："志于道，据于德，依于仁，游于艺。"《易经》讲："夫大人者，与天地合其德，与日月合其明，与四时合其序。"《礼记》讲："大学之道，在明明德，在亲民，在止于至善。"《中庸》讲："天命之谓性，率性之谓道，修道之谓教。"这些都说明，与天道、天命相应的是善，不相应的是恶。

《孝经》是总汇"六经"，综述道德、仁孝，是孔子示范后世的行门，是千经万论的根本，是成圣成贤的始基，是修行的入手之处。《孝经》集中体现了孔子提倡的"下学而上达"的特点，修行是在日常生活、工作中进行，体现在为人处世、待人接物的方方面面。离开生活，谈不上修行，修行在生活之中，在五伦八德之中，叫"下学"。六祖惠能说过一句话："离世觅菩提，恰如求兔角。"人要在五伦关系中提升自己的心性与修行。人一出生，就产生了和父母的伦理关系，首先面对的就是如何处理和父母的关系，怎样对父母仁爱、恭敬、感恩、包容、体贴。如果把这种态度习惯成自然地保持下去，走上社会就知道如何去关爱、恭敬、感恩、包容，如何照顾老师、照顾领导、照顾同事。

反之，如果在家里养成了衣来伸手、饭来张口的习惯，不懂得付出，走到学校和工作岗位，也会以自我为中心。"小皇帝""小公主"的脾气很严重，自我意识很强，就难以与人和睦相处。现在就有不少孩子与人相处不到一个月，甚至不到一个星期，往往不是自己不喜欢别人，就是别人不喜欢自己，没有"四海之内皆兄弟"的感受。原因就在于这些孩子在家里已经形成以自我为中心的意识。可见，家庭教育是多么重要。司马光提醒做父母的人："爱之不以道，适足以害之也。"对父母孝顺的孩子，走到哪里都有随顺的品质，人际关系自然和睦。而对父母逆反的孩子，对领导也容易逆反；喜欢挑剔父母的孩子，也喜欢挑剔老师。随顺的品质没有养成，为人处世、待人接物就会处处碰壁。由此可见，随顺对人的成长和未来有着重要影响。

"心不平则路不平，心不顺则事不顺。"对父母孝顺，得益的是自己，成全的是自己，幸福的还是自己。从这个意义上说，传统文化讲的是成功之道、幸福之道、成就之道。

一个人有所成就，绝非偶然。我有一位企业家朋友，他从来没有发过脾气，修养非常好，为人非常和顺。不管是对亲朋好友还是员工下属，即使他们做错了，他都不生气。这种和顺的品质就是从对待父母老人的态度中培养出来的，印证了《大学》所说的："德者，本也；财者，末也。"

《孝经》的书名来自《汉书·艺文志》的记载："夫孝，天之经、地之义、民之行也。举大者言，故曰《孝经》。"意思是《孝经》是天之经、地之义、民之行的一种简说。宋代邢昺在《孝经注疏》中说："孝者，事亲之名；经者，常行之典。""孝"是侍奉双亲的意思；"经"是恒常力行的经典。

皇侃在《孝经义疏》中讲："经者，常也，法也。"又讲："此经为教，任重道远，虽复时移代革，金石可消，而为孝事亲常行，存世不灭，是其常也。为百代规模，人生所资，是其法也。言孝之为教，使可常而法之。"意思是《孝经》用在教育任重而道远，虽然有时代的迁移变革，连金石都消失毁灭，尽孝事亲却可长存世间而不泯灭，可为百代规范、人生资粮。孝作为教育，是可以恒常效法的。孝本身就是性德，是人自性本具的德能。

"孝"字在《说文解字》中的解释为："孝，善事父母者。从老省，从子，子承老也。"孝这个字，上半部是"老"字的一半，下半部是"子"字，子承老是孝。上一代和下一代是一体的，如果分开，孝就不存在。上一代还有上一代，过去无始；下一代还有下一代，未来无终。自始至终都是一体的，是"竖穷三际"。横向来讲，兄弟之间的友悌推而广之，四海之内皆兄弟也，是"横遍十方"。孝悌的教育，过去无始，未来无终，"竖穷三际，横遍十方"。**人的性德本来是无始无终的，这是"孝"字所代表的含义。**

明代吕维祺在《孝经或问》中称："《孝经》何为而作也？曰：以阐发明王以孝治天下之大经大法而作也。"意思是作《孝经》的目的，是阐明古圣先贤以孝治天下的方法。这一治国理念之所以为历代帝王所奉行，是因为孝出自性德。唐玄宗亲自为《孝经》作注，并且刻石太学，下诏令天下家家户户收藏、读诵、学习、力行。天下不太平，矛盾冲突不断，究其根本，在于家庭。如果在家和父母、兄弟、伴侣相冲突，走上社会，就会和老师、同学、领导、同事相冲突。因为没有养成和顺的心性，不知道用和平、和谐、和睦的方式去解决矛盾、化解冲突。所以，从根本上说，矛盾的根源在于人的本性和习性的冲突。

本性是一体之仁，每个人不仅和父母、兄弟、他人，而且和天地万物都是一体的关系，这是人的本性。而习性是我是我，他是他，是自私自利，容易和别人产生冲突。所以，从根本上讲，矛盾就是自利和利他、本性和习性的冲突。

学习《孝经》，能帮助人回归本有的自性，回归一体之仁，化解冲突，达致天下太平。

《孝经》共十八章，大体分六部分。第一章《开宗明义章》，开显全经的宗旨，概述先王以孝道教化天下的道理；第二章到第六章分别论述天子、诸侯、卿大夫、士、庶人这五种不同阶层的人应该如何落实孝道，统称"五孝"；第七章到第九章分别为《三才章》《孝治章》《圣治章》，说明开明的君王自身孝道圆满，自然能够教化天下，从而实现社会安定，百姓和乐；第十章《纪孝行章》叙述孝子应该如何奉养双亲；第十一章《五刑章》与《纪孝行章》相配，论述行孝的第一个层次，在家侍奉父母；第十二章到第十四章依次是《广要道章》《广至德章》《广扬名章》，这三章进一步阐发第一章《开宗明义章》中的"至德要道"，以及"扬名于后世"的道理；第十五章《谏诤章》指出君臣、父子之间有劝谏的道义；第十六章《感应章》讲的是孝子之心于君臣、父子乃至天地人都有感应；第十七章《事君章》论说孝子应该如何事君；第十八章《丧亲章》为最后一章，阐明父母过世，做儿女的应该以哀戚之礼祭祀，以尽其孝。《孝经》篇幅简短，共一千八百字左右，但是字字珠玑，旨趣深远，义理宏深，明王以其治则天下和平。

《群书治要》节选的《孝经》，除最后一章《丧亲章》外，其他章节几乎全部收录。可见魏徵等人对于《孝经》的重视程度。

第一章《开宗明义章》是《孝经》的纲领，开显孝的宗旨，阐明孝道的义理，论述行孝起始于侍奉父母，扩大到为国尽忠，最后实现立身行道，扬名于后世的人生目标。

【仲尼居，曾子侍。子曰："先王有至德要道，以顺天下，民用和睦，上下无怨。汝知之乎？"曾子避席曰："参不敏，何足以知之？"子曰："夫孝，德之本也，教之所由生也。复坐，吾语汝。身体发肤，受之父母，不敢毁伤，孝之始也。立身行道，扬名于后世，以显父母，孝之终也。夫孝，始于事亲，中于事君，终于立身。《大雅》云：'无念尔祖，聿修厥德。'"】

"仲尼居，曾子侍。""仲尼"是孔子的字；"居"是闲居。"曾子侍"，《史记·仲尼弟子传》记载："曾参，南武城人，字子舆，少孔子四十六岁。孔子以为能通孝道，故授之业，作《孝经》，死于鲁。"孔子认为曾子通达孝道，就传授他学业，作《孝经》。后来曾子逝于鲁国。"侍"，根据郑康成注，"卑者侍奉在尊者之侧，曰侍"。"侍"，有坐有立，此处当为侍坐在侧。孔子在家闲居安坐，弟子曾参侍坐在侧。曾子在弟子之中以孝著称，所以，孔子把孝道传给曾子。

"二十四孝"中有"啮指痛心"的故事。有一次曾子外出砍柴，只有母亲在家。这时家里来了一位朋友，曾母很有仁慈之心，不想让人白跑一趟，情急之下，把自己的手指咬破。曾子是孝子，心中时时刻刻惦记着母亲，母亲一咬破手指，他就感到一阵心痛，担心母亲有事，于是马上往回赶。

母子连心，正是因为曾子时时牵挂母亲，母亲的手指破了，他才能感受到。有诗赞曰："母指方才啮，儿心痛不禁。负薪归未晚，骨肉至情深。"

现代人读了这样的故事会觉得不可思议，是因为少有人时时牵挂父母。父母有事，子女无动于衷，这叫麻木不仁。没有这样的体会，再读古人的故事，就会觉得很难理解。因为自私自利，心中常常想的是名闻利养、五欲六尘，想着吃喝玩乐，怎样赚更多的钱、获得更高的官位，心不够清净，自然体会不到父母的需要。

有人说，现代人过着一种"忙""盲""茫"的人生。第一个"忙"，是竖心旁加一个"亡"字。自己的心已经不觉悟了，看不到父母家人的需要了。第二个"盲"，是盲人的盲。母亲节，记者采访了很多成功人士："您认为孝敬父母最好的方式是什么？"这些人开始夸夸其谈："我要挣很多钱，让我的母亲住上大房子，坐上豪华轿车。"记者又去采访这些成功人士的母亲："您认为儿女孝敬您最好的方式是什么？"没想到，这些母亲叹了一口气，说："唉，我也不希望住什么大房子，坐什么豪华轿车，我只希望我的儿女常回家看看，陪我聊聊天，唠唠家常就够了。"因私利而奔忙，往往看不到父母家人真正的需要，就会变成第三个"茫"，茫然的茫。

很多人确实事业很成功，其标志是赚了很多钱。"钱"这个字左边一个"金"字，右边是两个"戈"，"金戈戈"叫钱。如果一个人为了"金"，在赚钱的过程中忘记父母兄弟的恩义、朋友的道义、夫妻的情义，不惜拿着两把刀、两把枪互相残杀，最后就穷得只剩下钱了。虽然事业获得成功，换来的却是家人怨声载道，到头来周围没有一个可以信赖的人，落得妻离子散乃至家破人亡的结果。

人心被五欲六尘、自私自利所蒙蔽，往往看不到父母家人真正的需要。努力会有结果，但是不一定会有好结果。如果努力的方向错了，就会南辕北辙，越努力就离目标越远。从曾子身上，我们应该反省，是否真正用心体会了父母家人的需要？

子曰："先王有至德要道，以顺天下，民用和睦，上下无怨。汝知之乎？""子"，最初是对男子的美称，后来称师为"子"，这里专指孔子。"先王"，根据邢昺注疏，是先代圣德之主的意思。"至德，谓尽性之美，造其极而无加也。""要道，谓穷理之至，举其一而盖众也。"

"至德"是圆满地穷尽性德之美，是登峰造极、无以复加的境界。"要道"是穷尽至高无上的道理，举其一善就可涵盖众善，通达一理就可以通达众理。就像一个礼堂有好几个门，无论从哪一个门进来，都会见到一样的境界。

"以顺天下"，"以"是用的意思；"顺"，根据顺治皇帝的解释："谓顺天下之人心，因其固有而无所强。""顺"是顺天下人之心。因为是从人人本具的天性自然出发，顺着人心所固有的品质加以引导教化，所以，无须半点勉强，就可以达到理想的教化。

"民用和睦"，"用"，因而、因此；"睦"，亲爱。"上下无怨"，"上下"，意思是"自天子以至于庶人"。

孔子说："古代的圣王有至极之德、要约之道，以此来调顺天下人心，使得百姓和睦相处，上下之间没有怨恨。你知道这个至德要道是什么吗？"

可见，用至高之德来教化人民，用简要之道来感化人民，结果就是人心和顺。儿女对父母，学生对老师，下属对领导，互相都没有怨言，百姓因此相亲相爱。

能尽孝的人，其心和顺，所以古人非常重视孝道。**孝顺父母，会培养"心和"与"随顺"的品质，"和顺"二字表达了孝道的精神。**"顺"实际上是一件好事，"和顺"，世人都想做事顺利，那么，心首先必须和顺。中国自古以孝治天下，正是因为通过孝道可以培养和顺的品质。

"中国之治"是把领导与下属、父与子、兄与弟、夫与妻、老板与员工之间，看成一体的关系，有一荣俱荣、一损俱损的意识。"中国之治"能达到"不忍欺"的境界，下属不忍心欺骗领导，百姓不忍心欺骗政府。这种和顺、配合的意识来自孝治的文化和孝道的承传。

曾子避席曰："参不敏，何足以知之？" "参"是曾子的名，古人对老师很尊重，对老师要自称名，老师可以直呼其名。"避席"是离开座席起身回答。曾子离开座席，起身恭敬地回答说："弟子曾参很愚钝，怎能知道这样的至德要道？"从"避席"这两个字，可以看出曾子对老师的恭敬，不会老师问他问题，他还一动不动、大模大样地坐着。他有这样恭敬的态度，尊师重道，才能得传大道。

《论语》中孔子说"参也鲁"，说明曾子确实生性鲁钝，不很聪颖。从一个典故可以看出。有一次，曾子和父亲一起锄草，本来应该把草锄掉，但是他却把苗给锄掉了。父亲非常生气，盛怒之下，拿起锄头打了曾子一下，曾子毫不回避，被父亲打昏在地。等他醒来，怕父亲担心，就援琴而歌，意思是告诉父亲自己没事，不用担心。孔子听说曾子的行为后很生气，对其他弟子说："你们去告诉曾参，从此他不再是我的学生，不要再来见我了。"曾子知道老师很生气，甚至还说不要他当自己的学生，但是他依然很恭敬，向老师主动请教生气的原因，他觉得自己是尽孝道。孔子看他态度很恭敬，是可教之徒，就说："如果你的父亲盛怒之下，失手把你打死，别人会在背后议论说，父亲都能把亲生儿子打死，真是太没有仁爱之心了。你的做法并不是真正的孝，而是置父亲于不义。"孔子告诉曾子，如果以后再遇到类似的事情，要"小杖则受，大杖则走"。如果父亲拿的是很重的锄头，要赶紧逃跑，不要让他打到；如果拿的是小柳条这样很轻的东西，可以接受。可见，孝并不是一味顺从；如果一味顺从，会陷父母于不义，是大不孝。

曾子虽然生性鲁钝，不够聪颖，但他孝顺、恭敬、好学，所以学有所成，成为儒门"宗圣"。这说明孝可以开显性德，达到光照四海，无所不通的境界。

子曰："夫孝，德之本也，教之所由生也。"孔子说，孝是德行的根本，一切教化都从这里生发。中国传统文化的核心价值观是仁爱，而仁爱之心必须有根才能长养出来。中国人的伟大之处就是找到了仁爱之心的根本：对父母的孝。把对父母的孝心向上提升，就会关爱来到我们身边的所有人，即《论语》所说的"四海之内皆兄弟也"。对别人有关爱的情感，就会在别人有困难时给予切实的帮助，互爱之心向上提升就是互助，正如《孟子》所说的"老吾老以及人之老，幼吾幼以及人之幼"。把这种互助互爱之心再向上提升，就是古人所说的大同社会，也就是人类命运共同体。大同社会是"人不独亲其亲，不独子其子"，不仅仅把自己的父母视为父母，不仅仅把自己的儿女视为儿女。"老有所终，壮有所用，幼有所长，鳏寡孤独废疾者皆有所养"，使老年人都得到赡养，有人为他们养老送终，使壮年人都能为社会国家所用，使幼年人都能得到良好的教育，健康成长，使鳏寡孤独废疾等需要帮助的人，都能得到关爱和帮助，这才是大同社会。

英国著名历史哲学家汤因比在研究了各国文明史的基础上，从文化学的角度提出：能够真正解决 21 世纪社会问题的，唯有中国传统文化。中国传统文化的核心是"仁义忠恕"，做到了"仁义忠恕"，才能真正解决问题，化解冲突。中国人讲"化敌为友"，化敌为友要靠真诚之心的感化。如"二十四孝"之首的大舜，后母和弟弟三番五次要置他于死地，但是他并没有怀恨在心，后来做了天子，还常常到原野上号泣。终于，他的孝心感化了后母和弟弟，也感化了天下百姓。可见，至诚的孝心确实可以感通。矛盾之所以不能化解，一个重要的原因在于"德未修，感未至"。因为德行修养不够深厚，他人不能被感动、被感化。

中国人讲，化解矛盾冲突要用感化、教化的方式，而不是对立、竞争的方式。中国人又有一句话叫"仁者无敌"，不是说有仁爱之心的人，就没有人与他对立，而是说有仁爱之心的人，从内心深处不与任何人对立，他会一视同仁地感化、帮助、提升别人，能够化敌为友。当然，帮助和感化并非一味地用软弱退让的方式，例如，孩子做错事，有时需要教训一顿才能帮他提升，但是，这个过程中，内心不能有对立之心，有了对立之心，说明自身修养不够。

有仁爱之心的人必然知道"可恨之人必有可怜之处"，可怜人可怜在"人不学，不知道""人不学，不知义"。和人对立，自己痛苦，对方也痛苦，是损人不利己，他不知道有更好的方法可以化解冲突，和平共处。所以，不要和人对立，要帮助他，让他吸取教训，获得提升。

汤因比的论断是建立在对中国传统文化深刻理解和认同之上的。

孟子说："亲亲而仁民，仁民而爱物。"培养人的仁爱之心要从"亲亲"入手，从亲爱父母做起，把亲爱之心推而广之，关爱百姓，再把这种关爱百姓的爱心、仁心推而广之，扩大到万事万物，这就叫"亲亲而仁民，仁民而爱物"。古人说："为人必先自孝悌始。"人之根本是仁心，要宣扬仁慈博爱，使大家都有爱心，而爱的原点就是孝心。

"复坐，吾语汝。身体发肤，受之父母，不敢毁伤，孝之始也。立身行道，扬名于后世，以显父母，孝之终也。""身"，古人解释为"躬"，是"躬自厚而薄责于人"；"体"为四肢；"发"是毛发；"肤"是皮肤。中国人讲孝，不仅要养父母之身，让父母衣食无忧，还要养父母之心，让父母免于牵挂。

《论语》记载，孟武伯问孝，孔子回答了一句话："父母唯其疾之忧。"父母时刻牵挂着儿女，如果做儿女的能够照顾、保护好自己，无论何时都让父母放心，就能免去父母很多牵挂。"身有伤，贻亲忧"，如果生活起居不正常，生活方式不健康，长期吸烟、喝酒、赌博、晚睡等，让自己的身心受到影响，父母就会担忧。所以，按照自然节律饮食起居，这也是行孝。不良的生活方式一定要改正，免去父母的担忧，才是孝子。

《礼记》记载了乐正子春的故事，他是曾子的弟子，下堂时不小心伤了脚，过段时间脚好了，但他还是面有愁容，闷闷不乐。学生问："老师，您的脚伤早就好了，为什么还面带愁容，没有喜悦的颜色？"乐正子春说："我听曾子说过，父母生我们的时候给了我们一个完整的身体，我们要把这个身体完完整整地保护好，这才是孝。"

真正的孝子是"一举足而不敢忘父母，一出言而不敢忘父母"。每走一步路都不敢忘记父母，所以有大路可走，就不会走邪僻的小径；有船可乘，就不会冒险涉水过河，不愿意以自己的身体去做冒险的事情。每说一句话都不敢忘记父母，所以不会口出恶言，因为出口伤人，别人也会恶语相向，你骂别人的父母，别人也会回骂你，这样就会辱没自己的父母。这就是《弟子规》所说的"德有伤，贻亲羞"。所以，不伤害自己的身心，不辱没父母，修养自身，能够立于礼，奉行道义，才是把孝尽到了圆满。可想而知，这样的人一言一行、一举一动都会很谨慎，不会让父母蒙羞。

所以，小时候学习不认真，功课不好，让父母担忧，这是不孝；到了初中，开始上网打游戏，不好好学习耽误功课，让父母担忧，这是不孝；到了高中，交很多不好的朋友，不务正业，不专心学业，让父母担忧，这是不孝；走上工作岗位，对工作不珍惜，不专心工作，对领导不尽忠，一不高兴就把工作辞掉，让父母担忧，还是不孝；更别提那些"啃老族"，还要年迈的父母出生活费，给父母增添很大负担，这也是不孝；走上领导岗位，如果因贪污受贿、以权谋私、违法乱纪而锒铛入狱，更是对不起父母的养育之恩，让父母颜面无存，这仍然是不孝。这些会让父母蒙羞的行为，真正的孝子都会很谨慎。

孔子说："你坐下，我现在告诉你。我们的身体以至于毛发、皮肤都是父母给予的，应当谨慎爱惜，不敢使之毁坏损伤，这是孝道的开始。修养自身，奉行道义，使美好的名声传扬于后世，进而光耀父母，这是孝道的最终目标。"

"夫孝，始于事亲，中于事君，终于立身。《大雅》云：'无念尔祖，聿修厥德。'""终于立身"，根据邢昺注疏："忠孝皆备，扬名荣亲。"这句诗出自《诗经·大雅·文王》篇。"无"是发语词，没有实在意义；

"念"，想念；"尔祖"，你的先祖。"无念尔祖"，意思是不要忘记你的先祖，要时时想念着你的先祖。"聿修厥德"，"聿"是"述"的意思；"厥"是"其"的意思。"聿修厥德"，意思是传述、修治他们的德行，传述他们的德行给后人，且按照他们的德行来修养自己，使他们的德行发扬光大。

孝道开始于侍奉双亲，进而通过奉事君主来发扬光大，最终目的是成就自己的德业。《诗经·大雅》说："要常常怀念祖先的恩德，述修他们的德行。"可见，**孝道有三个层次：侍奉双亲；奉事君主；终于立身。**

2018年3月10日，习近平总书记在参加十三届全国人大一次会议重庆代表团审议时强调："领导干部要讲政德。"讲政德就是明大德、守公德、严私德。其实，这与《孝经》中的"始于事亲，中于事君，终于立身"一脉相承。借鉴《孝经》中的思想，使严私德、守公德、明大德在领导干部的道德修养中有机地统一起来。践行孝道能培养人的感恩心、恭敬心、仁爱心、责任心，严修私德，就能够处理好家庭和个人交往中的种种伦理关系。而将这种善心扩而广之，推己及人，"老吾老以及人之老，幼吾幼以及人之幼"，就可移孝作忠，成为公德，做到"立党为公，执政为民，全心全意为人民服务"。要把孝道尽圆满，必须"立身行道，扬名于后世，以显父母"，"行道"其实就是"明大德"的境界。

首先，"孝悌修身严私德"。古人特别重视孝道的培养，并作为仁爱之心的根本。《孝经》讲："不爱其亲而爱他人者，谓之悖德；不敬其亲而敬他人者，谓之悖礼。"《论语》说："君子务本，本立而道生。孝弟也者，其为仁之本与！"《孟子》也讲："仁之实，事亲是也。"都在讲孝是仁爱之心的根本。

孝，培养人知恩报恩、饮水思源的返本报始意识，树立起重恩义、重情义、重道义的处世原则。如果没有这种处世原则，取而代之的是以利害为取舍。这件事有利可图，自己会全力以赴；这个人是领导，自己会竭尽全力。如果这个人从领导位置上退下来，自己就有可能做出见利忘义、忘恩负义的事情。

爱人，首先从爱父母做起，然后再爱其长上，爱其兄弟，爱其民人，进而"仁民而爱物"，做到"民吾同胞，物吾与也"，直至"天地与我并生，而万物与我为一"。这种由近及远、推己及人的自然亲情，符合人的道德心理与道德情感的发展规律。

孝的内涵非常深广，内容宏富。不仅要养父母之身，还要养父母之心、养父母之志。例如，父母时时惦念着儿女，儿女为了免除父母的担忧，要处理好各种人伦关系。如果兄弟不能和睦相处，会令父母担忧，这就是不孝，"兄弟睦，孝在中"，要处理好兄弟姐妹之间的关系；如果夫妻关系处理不好，会让父母担忧，这也是不孝，所以要落实好夫义妇德；如果没有把儿女教育好，不能培养出承传家道、家风、家业的贤德人才，让父母担忧，这还是不孝，所以要重视家教、家风，"至要莫如教子"；如果到学校读书不敬老师，还会让父母担忧，所以要尊师重道。总之，通过以孝悌为本的修身，可以把家庭和个人交往领域中的各种伦理关系都处理好，这就是"孝悌修身严私德"。

何谓"移孝作忠守公德"？孝，不仅要养父母之身，还要养父母之心。作为领导干部，养父母之心还包括忠于职守、严以用权等公德方面。因为领导干部在运用公共权力行使职责的过程中，如果以权谋私，搞权钱交易、权色交易，就会让父母担忧："会不会因违法乱纪而锒铛入狱？"这就是不孝。

此外，如果与领导、同事之间相处不和睦，经常起冲突，同样会让父母担忧，也违背了孝的精神。所以，如果做领导的心里时时想着父母，念兹在兹，一言一行、一举一动都小心谨慎，时刻警醒自己，不仅不会贪污受贿、腐败堕落，还会竭忠尽智、清正廉明。中国自古就有"求忠臣于孝子之门"的说法，从孝子中培养有仁爱心、恭敬心的为官者。如果在家能做到"父母呼，应勿缓；父母命，行勿懒。父母教，须敬听；父母责，须顺承"，到了工作岗位，也就能做到"领导呼，应勿缓；领导命，行勿懒。领导教，须敬听；领导责，须顺承"。

《论语》说："其为人也孝弟，而好犯上者，鲜矣；不好犯上，而好作乱者，未之有也。"可见，有孝心的领导者能尊敬自己的父母，进而就能尊敬天下的父母，不会犯上作乱；不仅自己力行孝道，也教导百姓力行孝道，起到"君亲师"的作用，使社会和谐稳定，天下太平。

汉武帝时期，实行"郡举孝廉"的人才选拔机制。地方官负责把具有孝廉品质的人举荐出来，由国家培养作为官吏的候补，结果出现了"名臣辈出，文武并兴"的局面，选拔出很多德才兼备的人才。

晋朝有一位著名的孝子名叫吴隐之，他到广东做官时，听说当地有一眼"贪泉"，喝了"贪泉"就会变成贪官，但他有公正廉洁的心，不信谣言，到了"贪泉"照饮不误，并且作诗明志。吴隐之心正不惧饮"贪泉"，成为坚持操守、廉洁自律的楷模。

南宋岳飞牢记母亲"精忠报国"的教诲，成为忠臣名将之典范，为后世所景仰。

《浦江县志》记载，浙江义乌附近的浦江县，有一道"郑义门"。从宋代起，历经元代、明代、清代，出了大大小小173位官员，大至礼部尚书，小至普通税令，没有一个人成为贪官污吏，人人勤政廉洁、忠君爱民，因为从小就受到以孝悌为基础的家规教育。

历史上不计其数的类似案例都表明，严私德与守公德之间的关系密不可分。如果领导干部在私德方面严于律己，真正做到养父母之心，必然能够移孝作忠，在公德方面作出相应的表率，强化宗旨意识，全心全意为人民服务，恪守"立党为公，执政为民"的理念，自觉践行人民对美好生活的向往，做到心底无私天地宽。

那么，何谓"立身行道明大德"？古人所提倡的忠孝思想并不是一些文人所批判的愚忠愚孝，而是以道为旨归。例如，《荀子》说："从命而利君，谓之顺；从命而不利君，谓之谄；逆命而利君，谓之忠；逆命而不利君，谓之篡。不恤君之荣辱，不恤国之臧否，偷合苟容以持禄养交而已耳，谓之国贼。"意思是说，不体恤君主的荣辱，不考虑国家的命运，一味地投合君主，苟且容身，这样的人不是忠臣，是国贼。真正的忠君并非不顾道义、不论是非地忠于某一个君主，而是协助君主行道、弘道，以道为旨归。正如《中庸》所说："道也者，不可须臾离也，可离非道也。"《周易》说："立天之道曰阴与阳，立地之道曰柔与刚，立人之道曰仁与义。"《群书治要·典语》强调："王所以称天子者，以其号令政治，法天而行故也。"《群书治要·三略》指出："夫人之有道者，若鱼之有水。得水而生，失水而死。故君人者，畏惧而不敢失道。"这些都是强调，建立在政明基础上的忠君才是明大德，以行道为出发点和最终目的来忠君，就不会成为愚忠愚孝。

"明大德"，意思是铸牢理想信念，锤炼坚强党性。中国共产党坚持实事求是的思想路线，治国理政顺应了自然、社会、历史的发展规律，也就是古人所讲的"道"。因此，明大德就是古人所讲的顺应天道，以道德仁义为是。正如《六韬》所讲："天下者，非一人之天下，天下之天下也。与天下同利者，则得天下；擅天下之利者，失天下。天有时，地有财，能与人共之者，仁也。仁之所在，天下归之。免人之死，解人之难，救人之患，济人之急者，德也。德之所在，天下归之。与人同忧、同乐、同好、同恶者，义也。义之所在，天下归之。凡人恶死而乐生，好德而归利，能生利者，道也。道之所在，天下归之。"

中国共产党之所以取得抗日战争、解放战争的胜利，并在党中央的领导下，不断取得新时代中国特色社会主义建设的伟大成就，令世界瞩目，其根本原因就是顺应天道，以天下为公，以仁义为怀，这正是得道者多助，顺天者昌。

《孝经》最后强调："立身行道，扬名于后世，以显父母，孝之终也。"有人解释道："为法于天下，可传于后世谓之扬名，使其亲为君子，谓之显亲。"领导干部要养父母之志，必须崇尚道义，立身行道，言为世则，行为世范，在大是大非面前旗帜鲜明，在风浪考验、各种诱惑面前立场坚定；用自己的德能服务于社会，贡献于国家，利益于民族。建功当代，垂范后世，以显扬父母，这就是"立身行道明大德"。

修身的根本在于孝道，孝道尽圆满就能从"孝悌修身严私德"到"移孝作忠守公德"，最后"立身行道明大德"。《孝经》所说的"夫孝，始于事亲"，就是严私德；"中于事君"，就是守公德；"终于立身"，就是明大德。通过对孝道的培养，把严私德、守公德、明大德统一起来，可为当今领导干部政德修养提供有效的路径。

第二讲　文王事父、文帝事母的榜样

《孝经·开宗明义章》讲："夫孝，德之本也，教之所由生也。"孝是德行的根本，一切教化都从中生发。《论语》讲："孝弟也者，其为仁之本与！"《四书蕅益解·论语点睛》注解："为仁，正是为人。不仁，便不可为人矣。作乱之本，由于好犯上。犯上之本，由于不孝弟。""为仁"的"为"是动词，是"求"的意思。君子求仁，君子行仁，求仁、行仁的目的都是学习做人，所以，"不仁，便不可为人矣"，如果没有仁德之心，就不能称之为人。

"仁"字拆开是单人旁加"二"字，《说文解字》解释："从人从二"，是会意字，"言己与人相亲爱也"，仁是与他人相亲相爱。仁是天地同根，万物一体，把他人和我视为一体，没有我和他人的区别。能达到这种境界，儒家称为圣人、贤人。

《论语点睛》注解："不孝弟，由于甘心为禽兽。若不肯做衣冠禽兽，必孝弟以为人。"孝悌是教育的根本，人与禽兽的不同在于人会接受教育，否则就堕落得与禽兽没有差别。《孟子》说："饱食、煖衣、逸居而无教，则近于禽兽。"不懂得做人的道理，不能践行孝悌，与禽兽没有差别。所以，学习做人，要从孝悌开始。

《论语点睛》下一句："为人，即仁义礼智自皆具足，故孝弟，是仁义礼智之本。"具备仁义礼智才可称为人，所以，孝悌是仁义礼智的根本。儒家把仁义礼智信称为"五常"。《左传》说："人弃常，则妖兴。"人不讲五常大道，不仁、不义、无礼、无智、无信，五伦关系会紊乱，社会上就会出现各种道德败坏的现象。

"盖孝弟是良知良能，良知良能是万事万物之本源也。"孝悌是人自性本有的性德，称为良知良能，王阳明讲的"致良知"就是这个意思。"良知"，俗话说就是良心。做坏事会感到良心不安，受到良心谴责，说明这个人还有救。如果做了坏事，还心安理得、麻木不仁，就堕落得离禽兽不远了。"良知良能是万事万物之本源也"，人有良知、有良心、有仁心，才是人之为人的根本。如果一个人不孝父母，但知道惭愧、忏悔，说明还有良知，还有救；如果一个人不孝父母，却不知惭愧，甚至觉得理所当然，说明其良知丧失殆尽，难以挽救。

"论性则仁为孝弟之本，论修则孝弟为为仁之本。"这句话是从性、修两个方面来讲。从性德上讲，仁爱之心是万事万物的本源。一个人在和父母、兄弟的关系上表现为孝悌；在和领导的关系上表现为仁和忠；在和朋友的关系上表现为信；在夫妇关系上表现为夫义妇德。而从修德上讲，培养一个人的仁爱之心，必须从孝悌之心开始，孝悌之心是仁爱之心的原点。

"天下大乱之原，自不孝不弟始，孝弟则仁慈兴而乱机息矣。"天下大乱的根源在于人不孝父母、不友悌兄弟姐妹。讲孝悌可以使仁慈博爱的风气兴起，把动乱止息于萌芽状态。可见，要想真正实现社会稳定、人心安定，一定要提倡孝道，提倡仁义礼智信。

那么，孝悌、仁义礼智信从哪里做起？从自身做起。很多人觉得，别人不讲信用、不讲仁爱，自己这样做会吃亏。别人不讲信用，贪得无厌，是别人自甘堕落，如果向他们学习，自己也会堕落。他们甘心堕落为禽兽，但我们要学做人。符合仁义礼智信，才具备做人的资格。

扪心自问：是否希望人生有好结果？如果希望有好结果，就要从自身做起，别人做不做与自己无关。身体力行，并得到好的结果，会让人对仁义礼智信生起信心，向你学习。别人看到你学传统文化，践行仁义礼智信，结果生活美满、事事顺利、身心安宁，"仰不愧于天，俯不怍于人"，自然想要效仿。这就是为社会大众做好榜样。

《论语点睛》接着说："然则兴孝弟之道奈何？曰：上老老而民兴孝，上长长而民兴弟，上恤孤而民不倍。不孝不弟之人而居上位，天下大乱所由生也；孝弟之人而居上位，天下大治所由生也。"在位的领导者如果力行孝道，进而弘扬孝悌之道，用孝道来教化百姓，整个社会就能安定。所以，道德教育必须从孝道做起。

《说文解字》把"教"解释为"上所施，下所效也"。"教"字，左边是"孝"，"孝"的字形是上面一个叉，下面一模一样的叉，再下面是"子"。上面的叉是父母、老师、领导所画，下面的叉是孩子、学生、下属所画，可见身教重于言教。

很多人奇怪自己的孩子为什么不听话，那是因为父母没有把正确的言行给孩子做出来，没有把孝道落实在生活之中。如果你对父母说话都爱搭不理，没有耐心，甚至疾言厉色，就会发现孩子对你的态度也一模一样。所以，教育从孝道开始，身教重于言教。

"教"字右边是一只手拿着一根柳条（教鞭类的），告诉我们教育不是一蹴而就的，理需要顿悟，事需要渐修。理可以顿悟，一讲就通；但是，事需要在生活中，在为人处世、待人接物中去磨炼。虽然父母告诉孩子要孝，但是他不孝的习惯已经养成，怎么办？这就需要父母拿着教鞭耳提面命，不断提醒。身教加耐心做到了，孩子、学生、下属就能教好，良好有效的道德教育一定是上行而下效。

《孝经》讲完第一章《开宗明义章》，第二章讲天子的孝道，然后依次是诸侯、卿大夫、士、庶人的孝道。由此可知，教育者和领导者先受教育，才符合道德教育的规律。

《天子章》讲述天子如何行孝。天子把爱敬双亲之心扩展至天下百姓，让百姓都受到教化，这样，人人都会爱敬自己的父母以及天下的父母。

【子曰："爱亲者，不敢恶于人；敬亲者，不敢慢于人。爱敬尽于事亲，而德教加于百姓，形于四海，盖天子之孝也。《吕刑》云：'一人有庆，兆民赖之。'"】

子曰："爱亲者，不敢恶于人；敬亲者，不敢慢于人。"本章承接上一章的思路，继续对曾参的教诲，自此以下四章皆为孔子所讲，不再出现"子曰"。"恶"是厌恶，"慢"是轻慢、怠慢。孔子说，一个人亲爱自己的父母，就不敢厌恶他人；尊敬自己的父母，就不敢轻慢他人。因为如果轻慢他人，反过来他人也会轻慢自己，就会使父母担忧，有德行的君子不这样做。

一个人如果真正体会到父母养育自己的不易，也就能体会到天下为人父母者的不易，因而会将自己对父母生起的爱敬和感恩之心推广到天下父母。一个人如果对父母没有厌恶之心，厌恶之心就无从生起。换言之，他不知道什么是厌恶。例如一个孩子，如果从来没有见过父母发脾气，遇到问题都是用商量的语气、说理的形式加以解决，他也就不知道什么是发脾气。当他遇到问题时，也会平心静气地以沟通的方式加以解决，这就是"少成若天性，习惯如自然"。

一个人尊敬自己的父母，就不会轻慢他人，特别是他人的父母。因为轻慢他人的父母，他人也会轻慢你的父母，等于自己的行为导致别人对自己父母的不恭敬，同自己对父母的不恭敬是一样的。现代人最怕别人指责的一句话就是"这个人没有家教"，因为这句话不仅指责了自己，也指责了父母。"德有伤，贻亲羞。"所以，要修养自己，不轻慢任何人，也就不会因为自己有任何不道德的行为而使父母蒙羞。

亲爱、尊敬父母在古人看来天经地义，不需要问为什么。但是，现代社会因为经历过对孝道的过度批判，导致很多人一提起孝道，就和"封建""落后""糟粕""愚昧"等联系在一起，以至于有人提出这样的问题：为什么要孝敬父母？

《父母恩重难报经》专门讲述了父母的恩德。佛陀带着弟子出游，路上遇到一堆白骨，佛陀就派弟子把白骨分成两堆。一堆颜色比较白，分量比较重；另一堆颜色比较黑，分量比较轻。佛陀冲着白骨进行礼拜，弟子们觉得奇怪：为什么要冲枯骨礼拜，而且还分成两堆？佛陀说，分量比较轻、颜色比较黑的是女子的骨头，而颜色比较白、分量比较重的是男人的骨头。弟子们一听，更奇怪了。人在世的时候，女子穿的衣服很艳丽，又涂脂抹粉，从外表一看就知道是位女子。虽然从他们的装扮上能判断出是男是女，但是，人过世都化为枯骨，如何知道是男人还是女人？佛陀语重心长地告诉他们，女子长期哺乳，需要把自己身体的营养通过乳汁输送给孩子，所以她们的骨头比较轻，颜色是黑的。仅凭这一点，就能判断出骨头是男人的还是女人的。说完，佛陀又为弟子们讲父母恩重难报的道理，父母有十大恩德：

第一重恩，"怀胎守护恩"。儿女和父母有很深的缘分，母亲怀胎一个月，儿女的五脏才生出来；七七四十九天，六窍会分开。到了后期，母亲因为有孕在身，行动非常不便，身体重得像山一样，走路也非常困难。但为了养育儿女，连穿好看的衣服、装扮也顾不上，梳妆镜都蒙上了尘埃。

第二重恩，"临产受苦恩"。十月怀胎已经很辛苦，一朝分娩还不知道是否顺利。不幸遇到难产，更加痛苦，像得了重病似的，昏昏沉沉。这种痛苦只有生过孩子的人才能有所体会。有的母亲在分娩的时候，把生产床上的钢管都扯弯，可见生育儿女的不易。

第三重恩，"生子忘忧恩"。母亲生产后，五脏张开，气很憋闷，血流得像屠宰羔羊一样多。但听到孩子是健康的，立刻就会忘记生产的痛苦，非常欢喜。欢喜一过，生产的痛苦还是痛彻心扉。

第四重恩，"咽苦吐甘恩"。父母照顾儿女时，宁愿自己挨冻受饿，也要让孩子的温饱得以满足。

第五重恩，"回干就湿恩"。父母经常半夜醒来，看看孩子的被子是不是被踢开了。特别是冬天，如果儿女把褥子尿湿，他们就自己睡在湿的褥子上，把儿女放在温暖的干褥子上，让儿女睡得更加安稳。

第六重恩，"哺乳养育恩"。无论男孩还是女孩，父母都会非常关爱，每天不知疲倦地照顾、叮咛、呵护、嘱咐。

第七重恩，"洗濯不净恩"。本来父母的手非常细腻，但是因为经常为儿女洗濯尿布、衣物而变得粗糙。父母为了儿女能够渐渐成长、成才，不惜劳苦，美好的容貌和身材逐渐改变，一天一天地衰老。我们有时间可以看一看父母的双手，就能感受到长期劳作的人和不经常干家务的人的手是有区别的。现在很多孩子都为父母洗脚，由于长期的体力劳动和操劳，父母的脚已干裂。

第八重恩，"远行忆念恩"。儿女要远行，父母非常牵挂，临行前千叮咛万嘱咐。儿女已经走很远了，父母还驻足遥望，不愿意回家。

第九重恩，"深加体恤恩"。儿女受苦，父母恨不得代替儿女受苦。特别是儿女生病的时候，父母非常担心，希望得病的是自己。父母对儿女的体恤能达到一种忘我的境界。

第十重恩，"究竟怜悯恩"。有首诗说："母活一百岁，常忧八十儿。

欲知恩爱断，命尽始分离。"父母对儿女的牵挂是无时无刻的，从来都没有停止过。即使父母已经活到百岁高龄，还是经常惦念八十岁的儿子。

从这十重恩，我们能够感受到父母的恩德确实无以回报。古人说，父母对儿女有罔极之恩。《诗经》说，父母的恩德像天一样高，想报答都报答不尽，称之为"昊天罔极"。正因为父母的恩德深重，无以回报，所以儿女孝敬父母、赡养父母是天经地义之事。

"爱敬尽于事亲，而德教加于百姓，形于四海，盖天子之孝也。""形"，根据郑玄的注解为"现"，显现的意思，也就是道德教化普遍推行，显现于四海之内。《经典释文》解释："法也，又作刑"，意思是"形"字又写作刑罚的"刑"，效法的意思，也就是让四海之民普遍地加以效法，成为他们的行为规范。"盖"，根据皇侃注疏："略陈于此，未能究竟"，意思是天子的孝道内容非常广泛，在这里只是简略地陈述要点和关键，不能讲得究竟圆满，所以用"盖"字。天子竭尽爱敬，侍奉双亲，对母亲竭尽亲爱之心，对父亲竭尽恭敬之心，并将这种道德教化推广至天下百姓，让四海之民都能起而效法，这就是天子的孝道。

"爱敬尽于事亲"，"尽"强调天子即使日理万机，也不能因此疏忽对父母的爱护与尊敬，不能以政务繁忙为由，忽视对父母的孝养。

《礼记》中记载了文王孝敬父亲的故事。文王在做世子的时候，每天向父亲问三次安。早晨天刚刚亮，鸡鸣头遍，他就起床穿好衣服到父亲的房门之外，问内侍小臣："父王今天身体健康吗？他的起居和平常相比正常吗？"如果内侍小臣回答说"安"，表明父王一切安好，他就会很高兴。到了中午和晚上，他还会向父亲问安，仔细的程度和早晨一模一样，没有丝毫倦怠。如果父亲身体有不适的地方，内侍小臣会如实地告诉文王。文王听闻，脸上会露出忧愁的神色，且"行不能正履"，走路都与往日不同。等到父亲身体恢复健康，他才恢复正常。文王侍奉父亲时，每一次用餐都要亲自看一看食物的冷热程度是否合适，饭后会主动询问父亲的喜好，叮嘱负责膳食的厨师，剩饭剩菜就不要再进奉了。"恐过时，味变也"，恐怕时间长了，味道改变，父亲吃了有损健康。等厨师都知晓、应诺了，他才离去。

文王每日三次向父亲问安，不是走形式，而是切实了解父亲的需要，对父亲的饮食发自内心地关心。文王贵为世子，只要吩咐一下，下面的人就会尽心尽力地做好，但是他仍然亲自侍奉父母。由此可见，古代的圣王都是率先垂范，身体力行，给社会大众做出孝亲的榜样。作为天子，不仅自己要力行孝道，还要用孝道来教导百姓，使天下人都能接受孝的教育，使天下父母都能老有所归。

康熙皇帝于1670年颁布《圣谕十六条》，用以教导百姓。其中第一条是"敦孝悌以重人伦"。《前言》写道："善事父母为孝，善事兄长为悌。盖父母生我，有罔极之恩。兄长先我而生，有同气之谊。"意思是说，善待父母，叫作"孝"；善待兄长，叫作"悌"。父母生养我们，有罔极之恩。"故侍奉父母兄长者，必内尽其诚，外将其敬。显而饮食奉养之间，微而意念思虑之际，亦应深爱曲体，以求得其欢心。"所以，侍奉父母、兄长，应该从内心表达出诚心，从外在的容貌、言辞上表达出恭敬。这种恭敬、照顾、耐心不是伪装的，不是为了让别人看到，而是深深地体会到父母的恩德。对父母的诚敬心表现在对父母的饮食奉养之中，隐微之处体现在对父母的思念顾虑之际。心里常常牵挂父母，深深地关爱父母，想方设法去体会父母的需要，包括父母对儿女真正的期望是什么，以求得父母的欢心，这是真正做到"养父母之心"。

康熙皇帝将《圣谕十六条》颁布全国，还于每月初一、十五对百姓进行宣讲，以推动在百姓中形成孝悌的风气。正是因为康熙皇帝秉持"建国君民，教学为先"的理念，才缔造出一代盛世。

康熙皇帝特别重视"孝悌为本"的儒家教育，多次祭拜孔子，希望天下人都明白他尊重儒家道统，并以儒家思想来治国的理念。为招揽重用通达儒学的志士仁人，1678年，康熙皇帝总结以往的科举考试制度，首创并特别开设博学鸿儒科，采取考试与举荐相结合的方式，选拔德才兼备的学儒贤士。他下令，不论出身贵贱，凡是通达儒学经典之士，都可被举荐。通过这些方式，强化了百姓对儒学经典的学习、传播与应用。

康熙皇帝还颁布《御制学校论》，提出治理天下首先要端正人心，敦化风俗，而方法就在于推行教化。他还规范各个地区的学校教育，将民众对儒家经典的学习纳入正轨，使上自王公贵族，下至平民百姓的孩子，都能进入学校接受教育。规定不同年龄段的孩子要接受不同的教育：八岁以上入小学，十五岁以后则入大学。通过普及学校教育，全国上下无论孩童还是年长者，都在不断学习儒家经典。

康熙皇帝颁布这样的谕论，充分体现出他对儒家经典的学习相当深入，以此教化天下，实现天下人对"大一统"理念的信奉和认可。康熙皇帝自幼深受儒家思想熏陶，采取了一系列措施，并取得显著成效。例如，汉族有遵照儒家文化进行乡饮酒礼的习俗，即把地方上德高望重的人聚在一起共饮，通过这种方式和礼仪，形成尊老敬贤、劝善惩恶、举荐贤才的风气。康熙皇帝很认同这一礼仪，并且下令满汉一体举行。他还尊崇并推行汉族为父母守丧的习俗,规定满族文武百官遇到父母丧事,也要守丧二十七个月,以此来落实孝道。

除此之外,他还下令对明朝皇陵进行保护。有一次,他在南巡途中路过明太祖的孝陵,下车向陵墓行三跪九叩首礼,并赏赐守陵人。这一行为正是《孝经》中"爱亲者,不敢恶于人;敬亲者,不敢慢于人"的具体体现。

康熙皇帝通过一系列崇儒重道的举措,推动了以孝悌忠信礼义廉耻为核心的儒家教育,统一了边疆地区,为巩固和发展统一的多民族国家作出重要贡献。

英国学者崔瑞德在《剑桥中国史》中评价康熙皇帝:"康熙帝是中华帝国历史上最伟大的统治者之一,他的统治时间不仅是最长的,而且也是最具有活力的,在中华帝国历史上更是最复杂的。"康熙皇帝以自身的率先垂范,身体力行《孝经》中"爱敬尽于事亲,而德教加于百姓,形于四海"的天子之孝,成为一代伟大的帝王。

《吕刑》云:"一人有庆,兆民赖之。"《吕刑》是《尚书》中的篇名。"一人",指天子,"庆"是善的意思。《吕刑》说,天子一人为善,天下百姓都仰赖于他,特别是天子有孝的美德,敬爱自己的父母,进而"老吾老以及人之老",对百姓有仁爱之心,并做到"亲亲而仁民,仁民而爱物"。仁爱之心是相通的,是从孝敬父母培养出来的。

汉文帝之所以开创了太平清明之世,是因为他就是一位孝子,并且以孝道来教化百姓。生母薄太后生病三年,汉文帝在旁边照顾,可以说目不交睫,衣不解带,时时侍奉在母亲身旁,困的时候只打个盹儿,甚至衣服都不解开。每次给母亲进奉汤药,他要先尝一尝温度合不合适。汉文帝贵为天子,富有四海,侍者非常多,只要吩咐一声,哪个不会尽心尽力地去侍候他的母亲？但是作为孝子，他能从内心表达出对母亲的关爱，事必躬亲，并把这种爱心推广到爱护天下百姓。

汉文帝临终前颁发诏书，写道："我听说天下万物出生之后没有不死的，死是天地的常理、万物的自然规律。如今世人都喜欢生而不喜欢死，于是厚葬以致破产，长期服丧以致伤害身体，我很不赞成这种做法。我很不贤德，没有什么可以帮助百姓的，现在要过世了，又让他们长期服丧痛哭，经过几个寒冬酷暑依然哀伤，伤害老幼的心灵，减少饮食，断绝祭祀，从而更加重了我的不贤德，怎么对得起天下人？我有幸承继帝业，以渺小之躯依托于天下各诸侯王，已经二十多年了，依赖于天地的神灵、社稷的福祉，使得四海之内安定太平，没有战争；我因为不够聪敏，经常战战兢兢，害怕做错事辱没先帝遗留下来的美德，年长日久，害怕不能始终保住帝位。现在竟然有幸尽享天年，又得以被供奉在高庙之中，以我的不圣明，已经觉得很好，还有什么可悲哀的？命令天下官吏和百姓，诏令到后，只哭悼三天，就都除去丧服，不要禁止娶妻、嫁女、祭祀等活动，还要通告天下，使大家都明白我俭葬的心愿。霸陵的山川保持原样，不要改变，后宫的嫔妃从夫人以下直到少使都遣散回家。"

汉文帝在世时生活俭朴，做事恭敬，临终前还特地下诏书实行俭葬，不劳烦百姓，这些都体现出对百姓的关心和爱护。

正因为汉文帝力行孝道，上行而下效，整个社会兴起孝悌之风，天下大治。可见，天子如能率先垂范，力行孝道，进而在天下提倡孝道教育，人人都知道孝敬父母、赡养父母，便能老有所归，老有所养，老有所乐。这是社会稳定、天下太平的根本，这就是"天子之孝"。

第三讲　守富贵最简单易行的方法

《孝经·诸侯章》讲述诸侯的孝道。诸侯贵居民人之上，富有一国，容易滋生傲慢和奢泰之风，因此应该时时刻刻戒慎恐惧，才能保全一方，使百姓安和。

【在上不骄，高而不危；制节谨度，满而不溢。高而不危，所以长守贵也；满而不溢，所以长守富也。富贵不离其身，然后能保其社稷，而和其民人，盖诸侯之孝也。《诗》云："战战兢兢，如临深渊，如履薄冰。"】

"在上不骄，高而不危；制节谨度，满而不溢。""骄"，骄慢的意思。"居上位而不恤其下"，身居高位，但是不体恤下属，不体恤民人，就是骄。"危"，《说文解字》解释为"在高而惧也"，即高高在上而感到恐惧、畏惧。这段话是说，诸侯处在万民之上而不骄慢，即便身居高位，也没有倾覆的危险；生活节俭，谨守法度，即使财富充足，也不会奢侈滥用。

"骄"人人都有，特别是富贵之人，更容易骄慢。很多有钱人看到没钱的人便心生骄傲，做大官的人看不起做小官的人。但如果做小官的人一心为百姓，就是君子；而做大官的人鱼肉百姓、以权谋私，就是小人。

现代人常说"值得骄傲"，这是错误的。《论语》讲："富而无骄。"《孝经》讲："在上不骄。"《尚书》讲："满招损，谦受益。"《周易》有六十四卦，唯有谦卦六爻皆吉。因此，骄傲并以此为荣的人不值一提。

《成唯识论·卷六》中说："云何为骄？"什么叫作骄？"于自盛事，深生染着，醉傲为性。能障不骄，染依为业。"对于自己的长处或擅长之事心生执着，陶醉骄傲。骄能够障碍谦卑，生长染污不净之法。

经典中总结了八种让人产生骄傲的原因：

第一是盛壮骄，因为自己身体强壮、精力旺盛而骄傲。这在动物界比较常见。丛林中的很多动物，如狮子、老虎等，都是以体力、暴力称霸一方。

第二是种姓骄，因为家庭出身优越而骄傲。例如，种姓在古印度是地位和阶级的象征，从高到低分为四等，即婆罗门、刹帝利、吠舍和首陀罗。这四个阶层界限分明，不能逾越。虽然现代社会比起古代社会文明进步很多，但是种姓、肤色、性别所造成的等级，在世界各地仍然存在，存在于人们的潜意识和社会生活中。

第三是富骄，因为财物富裕充足而骄傲。古往今来，很多人为实现富骄梦，不择手段地掠取财富。孔子说："贫而无怨难，富而无骄易。"富而不骄，这种修养本来不容易做到，但比起贫而无怨还是容易一些，所以说"易"。很多人拥有财富、地位，反而更平易近人，这就是"富而无骄"。然而，想要做到并不容易，所以自古就有"贫戒怨，富戒骄"的古训。

第四是聪明骄，因为自己聪明贤惠而骄傲。人没有知识的时候，迷惑颠倒、愚痴、不明事理。掌握了一些学问又骄傲自满，这叫"聪明骄"。聪明和智慧不同，智慧是本自具足，越有智慧的人越谦虚，不会骄慢。

第五是色骄，因为容貌端正而骄傲。人长得漂亮，身材好，自然容易产生骄傲。

第六是寿命骄，因为寿命长而骄傲。长寿、健康，也成为骄傲的资本。

第七是行善骄，因为行善修德而骄傲。行善做好事，帮助他人，本来是一件好事，但是因此而骄傲，甚至不知不觉生起名利之心，结果违背初衷，好事变成坏事。

第八是自在骄，因为事情顺心、心情自在而骄傲。例如，学习圣贤教诲的人可能有心想事成、事事顺遂、吉祥如意的体会，如果因修学有一些感受而骄傲，就会适得其反。

这里所说的八种骄只是概括而言。骄慢的后果是痛苦的，正如莎士比亚所说："一个骄傲的人，结果总是在骄傲里毁灭自己。"《弟子规》也提醒人们："不力行，但学文，长浮华，成何人。"如果只是学习些许典章名句，而没有力行，还恃才傲物，则是错误的。

越是有道德学问的人越谦虚。如果学得越多越傲慢，目无父母尊长，所学就背道而驰。这种学问不是圣贤学问，最多只能称得上是世智辩聪，不是真正的智慧。真正的智慧是性德本具。有句话说："好学近乎智。"好学，向圣人学习，向经典学习，把人自性中的智慧引发出来。这说明智慧是先天本自具足，不是通过后天学习而获得的。后天学习有助于把蒙蔽智慧的障碍去掉，使得本自具足的智慧得以显发。智慧显发，自然就会保持谦虚恭敬。

诸侯的地位是"在上"，在万民之上。虽然诸侯高高在上，处境危险，但是，如果敬重在上位的人，又爱护在下位的人，做到不骄，就能居于高位而没有倾覆的危险。

《大学》讲："德者，本也；财者，末也。"一个人的地位越高、财富越多、名声越大，越需要有深厚的德行来承载，否则德不配位，必有灾殃。这就是《周易》所说的"地势坤，君子以厚德载物"的道理。

战国时期，魏公子牟要出远门，穰侯魏冉去送行。当时魏冉被封于穰，称为"穰侯贵人"。临别之际，穰侯魏冉对魏公子牟说："您有什么话要提醒、嘱咐我？"魏公子牟说了一段意味深长的话："夫官不与势期，而势自至；势不与富期，而富自至；富不与贵期，而贵自至；贵不与骄期，而骄自至；骄不与罪期，而罪自至；罪不与死期，而死自至。"

这段话，勾勒出为官者由官位到权势，由权势到财富，由财富到尊贵，由尊贵到骄奢，由骄奢到犯罪，由犯罪到亡身的运行轨迹。自古以来，有多少"朝为田舍郎，暮登天子堂"的为官者，就是沿着这样的轨迹，最后滑向无底深渊，成为千古罪人。

"官不与势期，而势自至。"一个人有了官位，虽然权势没有和他相约，但是自然会来，因为做官就有权势。

"势不与富期，而富自至。"当官就有俸禄，甚至会有人来行贿，慢慢地就富裕了。即使没有人行贿，不收贿赂，国家给予的俸禄也很丰厚，所以说"富自至"。

"富不与贵期，而贵自至。"富裕就会受人尊重，所以尊贵就会到来。

"贵不与骄期，而骄自至。"人在富贵的状况下很难不骄慢，除非有很高的警觉。如果没有警觉性，地位高高在上，又有财富，受人尊敬，很多人都谄媚、巴结，这时候很容易狂妄、犯错。

"骄不与罪期，而罪自至。"虽然骄奢没有和罪过相约，但是罪过会不期而至。

"罪不与死期，而死自至。"很多为官者就是因为贪污受贿、违法乱纪，最后锒铛入狱。这都是没有谦恭谨慎、慎始慎终的态度所致。

《孝经·诸侯章》这段话，正是为高官者长保富贵的金玉良言。

作为诸侯，除了不骄慢之外，还要做到"制节谨度"。费用约俭，谓之"制节"；奉行天子法度，谓之"谨度"。作为诸侯国的国君，拥有一国财富，可谓财富充足，这就是"满"。虽然财富充足，还能节约俭省费用，谨慎奉行天子的法度，这就是"满而不溢"。"溢"，是奢泰的意思。"满而不溢"，虽然财富充足，但是不奢侈放纵。

人一旦富裕就容易奢侈浪费，却不知道奢侈浪费会产生严重危害。《管子》特别论述了奢靡之害的严重性。管子指出，以前圣君制造车船是为方便百姓办事，而如今的君主制造车船有所不同，车船的完备、坚固、轻巧、便利，全都具备了，但是君主仍然横征暴敛，用彩色刺绣装饰车，用精致的雕刻装饰船。结果，女子放弃纺织去学习刺绣饰彩，男子放弃耕种去学习雕刻。因为没有人纺织耕种，所以百姓会受冻挨饿。君主率先制造如此华美的车船，左右亲近的臣子也会纷纷仿效。百姓饥寒交迫，就会作奸犯科。违法乱纪的事多了，国家的刑罚也会越来越苛刻。刑罚越来越苛刻，百姓接受不了，就会出现动乱。所以，如果君主真正想要天下太平，憎恶天下混乱，在制造车船的花费上就不能不审慎。

《管子》进一步分析，当一个国家有奢靡浪费的风气，花费就会非常多，其结果就是"用费则民贫"。花费很多，老百姓就会贫穷，没有积蓄。像现在很多发达国家，为保持奢侈的生活方式，已经借债到了第二代、第三代。这种不合理的现象，根源在于自私自利，为了满足一己私欲，过着奢侈的生活，甚至连子孙后代的利益都不予考虑。

"民贫则奸智生"，因为已经习惯过奢侈浪费的生活，由奢入俭难，没有钱财会很难受，就会产生"奸智"的念头。"奸智生则邪巧作"，就会做"邪巧"的事情。可见，"奸邪之所生，生于匮不足，匮不足之所生，生于侈"，奸邪的行为之所以产生，是因为物资匮乏。物资匮乏，在于有些人过着奢侈浪费的生活。所以，从根本上消除奸邪欺诈的行为，要从提倡节俭、遏制奢靡之风开始，这是国家和每一个家庭的当务之急。

《孔子家语》记载了孔子和鲁哀公的一段对话，说明当时的国君之所以不能成功地推行礼教，一个重要原因在于，他们不能像古圣先贤那样厉行节约，反而过着奢侈浪费、荒淫无度的生活。

鲁哀公请教："请问什么是大礼？为什么您一谈到礼就那样尊崇？"孔子回答说："百姓之所以能够正常生活，都是因为礼，礼是最重要的。如果没有礼，就无法按照合适的标准来祭祀天地神灵；没有礼，就无法确立君臣、上下、长幼的秩序；没有礼，就无法区别男女、父子、兄弟以及亲族的远近亲疏。所以，君王对此非常重视，带头恭敬奉行，率先作出好的样子来教化百姓，使百姓都能顺利而行。他们居住简易低矮的房屋，穿戴朴素的衣服饰物，乘坐的马车不加修饰，所用的器物不精雕细刻，饮食不讲求美味，心里没有过分的奢望，与万民百姓有福同享。古代的贤君是这样恭敬行礼的。"

鲁哀公问："当今的君王为什么不能这样去做？"孔子回答："当今的君王追求利益贪得无厌，荒淫无道奢侈无度，懒惰怠慢游手好闲，一味地搜刮百姓的钱财，来满足自己的贪心，使百姓抱怨朝廷，还违背众人的意愿去征讨政治清明的国家；为了满足自己的欲望不择手段，任意使用暴虐严酷的刑罚诛杀百姓，而不依据正常的法度。身居高位者，不能率先遏制奢侈之风，而是满足私欲，这是当今的君王不能修明礼教的重要原因。"

《汉书》说："自成康以来，几且千岁，欲为治者甚众，然而太平不复兴者，何也？"自周成王、周康王的"成康盛世"，已经将近一千年，想使国家得到大治的人很多，凡是在位者，谁不希望国家得到治理？但是太平盛世却不得复兴，这到底是什么原因？后面写道："以其舍法度而任私意，奢侈行而仁义废也。"太平盛世之所以不能复兴的根本原因，就是身居高位者不能身体力行古圣先贤的教诲，不能克服自己的私欲，而过着奢侈浪费的生活。这不仅是社会兴衰成败的根源所在，也是个人荣辱祸福之所托。

正是因为看到奢靡之风的严重危害，自党的十八大以来，党中央多次发出号召，要"反对奢靡之风，厉行节约"。习近平总书记告诫各级领导干部："要坚持勤俭办一切事业，坚决反对讲排场比阔气，坚决抵制享乐主义和奢靡之风。要大力弘扬中华民族勤俭节约的优秀传统，大力宣传节约光荣、浪费可耻的思想观念，努力使厉行节约、反对浪费在全社会蔚然成风。"中高级领导干部率先垂范，反对奢靡之风，崇尚节俭，能产生强大的示范作用。

"高而不危，所以长守贵也；满而不溢，所以长守富也。"身居高位而没有倾覆的危险，所以能长久地保持尊贵。财富充裕而不奢侈挥霍，所以能长久地保持富有。

《群书治要·文子》说："生而贵者骄，生而富者奢。故富贵不以明道自鉴，而能无为非者寡矣。"出生在有权势、富裕的家庭，如果不学道，不以道作为镜鉴，还能不为非作歹的人很少。所以，中国自古就有"富不过三代"的说法。

那么，怎样避免"富不过三代"？有道德学问的人都教导子孙舍财不贪、克己利人。例如，北宋名臣司马光就以"由俭入奢易，由奢入俭难"来告诫子孙要节俭。他自己生活简朴，"平生衣取蔽寒，食取充腹",衣服仅能遮蔽寒冷,食物仅能果腹。为了让子孙懂得崇尚节俭的重要性,他特别写下《训俭示康》家书。他说:"言有德者皆由俭来也。夫俭则寡欲,君子寡欲则不役于物,可以直道而行。小人寡欲则能谨身节用,远罪丰家。""侈则多欲,君子多欲则贪慕富贵,枉道速祸。小人多欲则多求妄用,败家丧身。"司马康在父亲的教育下,从小就懂得俭朴的重要性,并把家训作为镜子,不断地反省、鞭策自己。他历任校书郎、著作郎,以俭朴廉洁扬名于世。

北宋名臣范仲淹以"先天下之忧而忧,后天下之乐而乐"作为人生信条,把俭、廉、恕、德作为家风传承,时常告诫子孙要勤俭、廉洁、宽恕,崇尚德行。

曾国藩认为"由俭入奢易于下水,由奢返俭难于登天",告诫家人要养成节俭的美德。曾国藩在家书中讲,看一个家族能不能兴旺发达,家族的子弟有没有前途,就看三件事:第一件事,早晨几点钟起床;第二件事,是不是家事自己做;第三件事,有没有读圣贤书。虽然前两件事看起来微不足道,但是从中可以看出,这家的子弟是克勤克俭、励精图治、艰苦奋斗,还是骄奢淫逸、铺张浪费。

曾国藩虽然做到四省总督,但是仍然坚持家事让孩子自己做。中国古人说:"习劳知感恩。"如果孩子一出生就过上衣来伸手、饭来张口的生活,从来没有参加过体力劳动,就不知道劳动成果来之不易,就不能对别人的劳动成果产生感恩之心,容易过上骄奢淫逸的生活。

第三件事,看这家的子弟是不是读圣贤书。圣贤书记载的都是天道自然的规律,如:"天道亏盈而益谦""福善祸淫""损有余而补不足""德者,本也;财者,末也""货悖而入者,亦悖而出"。古人说"三日不读书,面目可憎",家中的子弟常常读圣贤书,就可以受到警诫和提醒，避免过失。

曾国藩在家书中写道："京师子弟之坏，无有不由于骄奢二字者，尔与诸弟其戒之，至嘱至嘱。"他提醒这些晚辈，京师子弟之所以变坏，没有其他原因，就是因为"骄奢"二字，所以一定要把这两个字放在心上，作为警诫。

他还说："凡世家子弟衣食起居无一不与寒士相同，庶可以成大器，若沾染富贵习气，则难望有成。"凡是出身于世家的贵族子弟，吃穿用度、饮食起居都与贫寒的读书人相同，这样才能成大器。如果沾染上富贵习气，竞奢斗富，骄奢淫逸，就很难有所成就。欲望一旦开启，就会把心思都用在这些方面，心被物欲所染污，哪还有心思去求道？不可能有成就，甚至还会走向堕落。所以，古人说："欲是深渊。"

曾国藩接着说："凡人多望子孙为大官，余不愿为大官，但愿为读书明理之君子。"曾国藩权倾一时，但是他不希望子孙做大官，而是希望他们成为读书明理的君子。因为富贵而不学道明理，容易走向骄奢淫逸的道路，惹祸上身，不得善终。

赵匡胤在登基当天带着文武百官跪拜母亲，以感激母亲抚育、教育的恩德，可见其孝心。但是他的母亲杜太后在整个过程中都面色沉重，臣子们觉得很奇怪，母以子贵，儿子当了皇帝，母亲应该高兴才是。于是，有大臣向太后请教："您的儿子当了皇帝，您应该高兴，为何反而面色沉重？"杜太后答："假如他当了皇帝，能为百姓造福，那百姓都会支持他；假如他像前面五个朝代的皇帝一样，我希望他不要做皇帝。前面五个朝代的皇帝骄傲奢侈，最后他们的统治被推翻。不仅如此，子孙也都被杀。假如当皇帝不能为天下万民着想，只顾自己贪图享乐，过骄奢淫逸的生活，以后连做百姓的机会都没有，有什么值得高兴的？"杜太后很会抓住教育的时机，在皇帝登基，大家满心欢喜前来祝贺的时候，却说出这样一段意味深长的话。对此，赵匡胤也铭记在心。

古人说："万般皆下品，唯有读书高。"古人所读之书乃圣贤之书，读书明理，理得心安，这样才不会走很多弯路。习近平总书记在给父亲的拜寿信中这样写道："自我呱呱落地以来，已随父母相伴四十八年，对父母的认知，也和对父母的感情一样，久而弥深。从父亲这里继承和吸取的高尚品质很多，父亲的节俭几近苛刻。家教的严格也是众所周知的。我们从小就是在父亲的这种教育下，养成勤俭持家习惯的，这是一个堪称楷模的老布尔什维克和共产党人的家风。这样的好家风应世代相传。"习近平总书记大力弘扬中华优秀传统文化，特别提倡家风、家道、家教的建设，反对奢靡之风，提倡节俭，这都是读书明理的结果。

"富贵不离其身，然后能保其社稷，而和其民人，盖诸侯之孝也。""社稷"，根据《白虎通·社稷》篇解释："人非土不生，非谷不食。土地广博，不可遍敬也；五谷众多，不可一一祭也。故封土为社，示有土也。稷，五谷之长，故立稷而祭之也。"意思是说，人没有土地就不能生存，没有谷物就没有食物。土地广阔博大，不能全都礼敬周遍；五谷众多，不能一一祭祀。于是，就封一块土地作为社，以表示有土。稷，作为五谷之首，把稷树立起来加以祭祀。

"社"代表土地神，"稷"代表谷神，"社稷"合起来代表国家。"民人"，根据皇侃注疏："民，是广及无知；人，是稍识仁义，即甫始之徒，故曰'民人'。""民"，广泛包括了无知蒙昧之辈，而"人"，是指稍识仁义的府吏、史官之类，所以"民人"包括两类人。这句话的意思是说：富贵不远离自己，能保全自己的国家，使民人和睦相处，这就是诸侯的孝道。

如何才能使富贵不远离？如何才能打破"富不过三代"的恶性循环？《周易》中说"一阴一阳之谓道"，总结了天地自然的规律。古人常用太极图来表示天道变化的规律，太极图半边是阴，半边是阳，中间还有一个界限。如果越过界限，意味着阴阳失去平衡，阴阳失去平衡就会导致变化。这就是"物极必反""盛极必衰""消极必长"的道理。明白这个道理，就会教导子孙舍财不贪、克己利人，做到富而不奢、贵而不骄，用财富、权势去帮助他人、服务国家、贡献社会。

《群书治要·中论》说："位也者，立德之机也；势也者，行义之杼也。""机"和"杼"，都是古人用以织布的工具，在这里是说职位和权势不应该成为贪图享乐、以权谋私、骄奢淫逸的资本，而应该作为建立仁德、施行道义的工具，这样才能避免身败名裂、"富不过三代"的恶性循环。

明智之人，越是富裕就越谨小慎微，越是去做慈善事业，造福社会大众。当我们看到一个人成功的时候，不要只羡慕结果，《大学》说"德者，本也；财者，末也"。学植物学的人都知道，植物的根延伸到哪里，枝叶花果才能延伸到哪里。

孝是性德，不仅在古代适用，不仅在中国适用，在现代社会仍然适用，在西方也依然适用。

《易经》说："积善之家，必有余庆；积不善之家，必有余殃。"很多富有远见的成功人士，拥有财富后，并没有竞奢斗富，攀比谁的车子更豪华、谁的别墅更富丽，而是去做慈善，把钱捐献给教育事业。他们想到，在当今世界，还有很多人过着忍饥挨饿的生活。于是把自己富余的财物拿出来，雪中送炭，解人急困，所得到的喜悦比一味挥霍所带来的满足更加真实、长久。正是因为这种布施行为，越施越多，所以才能长久地保持富贵。

身居高位的诸侯，行孝的重点就在于戒骄、戒奢及谨守法度。"在上不骄，高而不危；制节谨度，满而不溢"，这是长久保持富贵最简单易行的方法。

《诗》云："战战兢兢，如临深渊，如履薄冰。"这句诗出自《诗经·小雅·小旻》。明朝吕维祺解释："此诗是传孝心法，乃曾子平生着力处。"《论语·泰伯》曰："曾子有疾，召门弟子曰：'启予足！启予手！'《诗》云'战战兢兢，如临深渊，如履薄冰'，而今而后，吾知免夫，小子！"曾子临终一息尚存之时还教导弟子，可见，这是孔门代代相传的心法。"身体发肤，受之父母，不敢毁伤"，曾子一生力行孝道，临终时让弟子看看他的手足、身体都保持完好，才放心地说："自此以后，我可以免去没有尽到孝道的担忧了。"

还有一个典故叫"曾子易箦"。箦（zé），竹席的意思。《礼记·檀弓》记载，鲁国的大夫季孙子为表达敬意，送给曾子一张竹席。后来曾子得了重病，卧床不起。学生子春来探望他，子春的侍童指着曾子的睡席，好奇地问："这是大夫用的席子吧？光泽多么华美呀！"子春听后，赶紧示意侍童不要再说了，怕老师听到。结果曾子听到后，吃惊地说："这是季孙子赐予我的，我现在坐不起来，无力去更换这张席子。"于是，他叫儿子把席子换下去。儿子却说："您病情这样严重，身子不便移动，还是等天亮后再换吧。"曾子对儿子说："你爱我，还不如这个侍童。'君子之爱人也以德，细人之爱人也以姑息'，君子是以道德标准去爱护人，而小人爱人只顾眼前的舒服，无原则地迁就姑息。

40 《群书治要·孝经》讲记

我还要这块席子干什么，我能守礼而终就足够了。"听了这话，儿子只好扶起父亲，换去床席。可是没等身子躺稳，曾子就去世了。可见，曾子一生力行孝道，不敢违礼，直到临终都能慎终如始。

"战战兢兢，如临深渊，如履薄冰"，《诗经·小雅》这句话是说，要戒慎恐惧，小心谨慎，就像站在深渊之旁，唯恐坠落；又像踏在薄冰之上，唯恐塌陷。"战战"是恐惧的样子，"兢兢"是谨慎的样子。

人为什么需要"战战兢兢，如临深渊，如履薄冰"的态度？因为人要和自己的欲望、习气做斗争。人有贪嗔痴慢疑，喜欢财色名食睡。而且越是身居高位，越要经受各种诱惑的考验，越要经得起糖衣炮弹的进攻。越往上走，官位越高，就越有名声，名声越大越不容易，要过五关斩六将。

"五关六将"是什么？就是财色名食睡、贪嗔痴慢疑。把这些都一一克服，才能走到高位，承载住很高的名声，否则就会被淘汰。并不是别人把你淘汰，是自己经不住考验而把自己淘汰。

竞争从来不是和别人去争，而是和自己的坏毛病、坏习气做斗争。例如，有的人懒惰，有的人贪财，有的人好色，还有的人喜欢喝酒，等等。战胜自己的习气是十分困难的，中国传统文化讲"大英雄"，不是战胜千军万马的人，而是能够战胜自己烦恼习气的人。一个人能战胜自己的烦恼习气，才是无往而不胜的。人越是身居高位，面临的诱惑就越多，要克服的困难就越多，承受的考验也就越难。关关都能通过，才能顺利毕业。

《孔子家语》记载，孔子去瞻仰鲁桓公的宗庙时，看到宗庙中有一个欹器，也就是很容易倾斜溢覆的器皿。孔子问看守宗庙的人："这是什么器具？"看守宗庙的人回答说："这可能就是叫作'宥坐'的器物。"孔子说:"我听说过'宥坐'这种器具,当它里面是空的时候就倾斜,装水适中的时候就端正,装满水的时候就倾覆。所以,贤明的君主以此来警诫自己,将其放在座位旁边,叫宥坐。"孔子回头对学生们说:"来,我们试着往里面装水看一看。"果然,把水灌到一半容器直立起来,装满水则会倾覆。

孔子非常感叹:"万物之中哪有满而不覆的?"这时候,弟子子路上前问道:"想要持满而不倾覆有什么办法?"孔子回答说:"聪明睿智,守之以愚;功被天下,守之以让;勇力振世,守之以怯;富有四海,守之以谦。此所谓损之又损之道也。"孔子告诉世人,聪明能干又有智慧,就要用愚笨的态度来保持;功盖天下,就要用退让的态度来保持;勇力震撼当世,就要用胆怯的态度来保持;拥有四海的土地财富,就要用谦逊的态度来保持。这就是所谓的谦退再谦退、低了再低的方法。

爵位、官位越高,代表责任越大、担子越重。如果不谦虚恭敬、礼贤下士,又骄慢无礼,就会失去人心,没有助缘,做什么都很难成功。官越大越需要节俭,不能奢侈浪费,否则,欲望一旦打开,没有底线,免不了以权谋私,一失足成千古恨。为官者都应该学习这些教诲,为人处世、待人接物小心谨慎,做到谦恭有礼,"战战兢兢,如临深渊,如履薄冰",才能长久地保持富贵。

第四讲　承传家风家业的方法

《孝经·卿大夫章》讲的是卿大夫的孝道。"卿大夫"，根据邢昺疏："次诸侯之贵者即卿大夫焉。"《说文解字》云："卿，章也。"《白虎通》云："卿之为言章也，章善明理也；大夫之为言大扶，扶进人者也。故《传》云：'进贤达能谓之大夫。'""章"同彰显的"彰"，说明卿大夫要彰显善德，明白道理，还要进谏、选拔贤能之人。卿大夫应该勤奋不懈地奉事天子，服饰、言论、行为等方面都要符合先王所定的礼制，为百姓作出表率。

【非先王之法服不敢服，非先王之法言不敢道，非先王之德行不敢行。是故非法不言，非道不行；口无择言，身无择行。言满天下无口过，行满天下无怨恶。三者备矣，然后能守其宗庙，盖卿大夫之孝也。《诗》云："夙夜匪懈，以事一人。"】

"非先王之法服不敢服"。"法服"，根据古代的礼法规定，不同的等级穿着不同的服饰。《尚书·益稷》篇记载，礼服的上面称为衣，下面称为裳。上面绣着日、月、星辰、黼黻（fǔ fú）等十二种文采，也称十二章。黼黻，泛指礼服上所绣的华美的花纹。黻在十二章的最后，所以用来代表礼服。

唐玄宗注疏："服者，身之表也。先王制五服，各有等差。言卿大夫遵守礼法，不敢僭上逼下。"古圣先王制定的礼服一共有"五服"，也就是五个等级。天子要穿天子的服饰，诸侯要穿诸侯的服饰，卿（大臣）要穿卿的服饰，大夫穿大夫的服饰，士有士的服饰。这五等人的服饰不能随便调换。

古代的几品官穿什么样的服饰是有标准的，以便于相互行礼。现在服饰的等级在执法部门、军队还有一定的体现，看到着装的样式就知道是什么级别。为人臣的卿大夫，最重要的是遵守礼法，所以，要严格遵照先王所制定的礼服标准来穿戴，这是守礼。

礼服是有教育意义的。例如，在天子的礼服上可以有日、月、星辰，意思是天子要像日月一样明照天下，起到教育和提醒的作用。像中山服有四个口袋，也是有教育意义的，代表"礼义廉耻，国之四维"。看到这四个口袋，就提醒自己要具备"礼义廉耻"这四种美德。

"非先王之法言不敢道，非先王之德行不敢行。""法言"是指如理如法之言。根据郑玄注："不合诗书，不敢道。"因为《诗经》《尚书》等经典所记载的都是大道，所以古人特别重视经典的学习，经典具有文以载道的性质。现在有些领导不读经典，没有道做指引，想说什么就说什么，说错了自己都不知道，还沾沾自喜，这就是以盲引盲。"德行"，根据郑玄注："不合礼乐，则不敢行。"古人的言行都由礼乐做标准，一言一行、一举一动都须符合礼乐，不离孝悌忠信礼义廉耻，所以，不符合道德仁义的话不敢说，不符合孝悌忠信礼义廉耻的行为不敢行。如果卿大夫能够严格守法，遵守礼制，言语、行为就不会有过失。

为什么古人所讲的"法言""德行"不能违背？为什么要对古圣先贤深具信心？很多人说，学习传统文化是不是不讲创新？古人所讲的就一定对吗？一定比现在好吗？

古人有两个特点是现代人比不上的。首先是心地清净，心如止水。当水起波纹，或者大风大浪的时候，泥沙俱下，对外界的人、事、物就映照不清楚，不能如实反映外界，甚至还会歪曲。现代人和古人相比，最突出的特点就是心浮气躁。心静不下来，波涛汹涌，怎能把外界映照清楚？人们忙着去评奖，忙着到处讲课挣钱，忙着去申请项目，结果写出来的文章东拼西凑，无法和古人相提并论。古人的文章短小精悍，言简意赅，所以传承千古。而现在的很多读书人，即使博士毕业，洋洋洒洒写了几十万字的博士论文，真知灼见并没有几句。所以，心若不安定，本自具足的智慧就不可能开显。古代的经典，特别是称为"经"的典籍，都是明心见性的圣贤人所作。

《大学》开篇讲："大学之道，在明明德，在亲民，在止于至善。"只有开悟之人，才能说出"明明德"这样的话。"明明德"肯定了人的自性，而修身的目的就在于焕发并保持纯洁的自性。《庄子》讲："天地与我并生，而万物与我为一。"这都是有觉悟的人、得道之人说出来的话，否则不可能有这样的境界。

所以，古代的文字都是智慧的符号，创造这些文字的都是明心见性之人、有大智慧的人。虽然悟的程度有高有低，但他们的智慧是很多现代人不能比的。

现代人除了心定不下来，还有一个特点就是自私自利，经常被外界的五欲六尘、贪嗔痴慢疑、名闻利养所蒙蔽。所以，虽然心性具足，但是不得发挥，不能显现。就像水，除了有波涛之外，还有很多泥沙，也就是贪嗔痴慢疑。例如，人在盛怒之下说的话不免过激、不客观，这就不是清净心的反映。当人有嗔心、有欲望的时候，过分地沉迷于满足欲望的时候，就观察不到父母家人的需要，对事物的认识也就不够客观。

之所以要对古圣先贤生起信心，就是因为他们的心比我们清净。他们的心胸非常宽广，自私自利的心比较少，甚至是大公无私，他们所讲的都是心性的自然流露，历经几千年的检验，仍然被证明是真理，是大浪淘沙的结果。

"**是故非法不言，非道不行**"。不符合礼法的事情不能说，不符合道义的行为不能做。这也是孔子对颜回所说的"四勿"，即非礼勿视，非礼勿听，非礼勿言，非礼勿动。"动"不是动作，而是起心动念，任何不如理不如法的念头都不能生。古人把人的行为分为身、口、意三种，这三种行为都能恪守礼法，就做到了古圣先贤所说的"克己复礼"，才能离成圣成贤越来越近。

孔子在《论语》中说："吾尝终日不食，终夜不寝，以思，无益，不如学也。"孔子所学的是古圣先贤之道，一生秉持"述而不作，信而好古"的精神。"古"是古圣先贤之道，即古代圣王修身、齐家、治国、平天下的大道。

所以，尚"古"并不代表不讲创新，不懂得与时俱进，而是注重掌握其恒常不变的规律，古人称之为"道"。很多人说传统文化不讲创新，那是他们不懂得传统文化的辩证法。

例如，《易经》是"群经之首，大道之源"。"易"字有三层含义，第一层含义就是"变易"，说明世间的人、事、物等现象是变幻莫测、变化无穷的，所以必须与时俱进。第二层含义是"不易"，虽然现象是变化的，但不变的是道。所谓"天不变，道亦不变"，只有掌握不变的道，才能以不变应万变。就像老树每年都会抽新芽、发新枝，但是它的"根、本"并没有改变。第三层含义是"简易"，所谓大道至简，真正深刻、复杂的道理，都是以非常简单的方式来表达，其目的就是让人易学、易懂、易记、易行。传统文化讲"仁义礼智信"，这就是中国传统社会的核心价值观，每一个价值观概括成一个字，简到极处。它容易记，也容易在社会上普遍推行，千百年来为人所奉行。虽然现象变幻莫测，但是，只要掌握不变的规律、不易的道，就能把事情处理好。这就是"易"的三层含义。

之所以强调学经典，是因为圣贤之道是古圣先贤心性的流露，也是千百年来历史所验证的结果，是大浪淘沙留下来的智慧。现代人很喜欢读书，也很好学，知识面很广博，但所看之书未必是经典。特别是现在知识爆炸的时代，如果人们对所读的书、所看的影视节目没有选择，可能看得越多，所受的污染就越严重；看得越多，问题越多，烦恼也越重。因为人们看的不是符合圣贤之道的内容，所以无所适从。一个人一种说法，不知道应该接受谁的说法。一旦对所学内容不加选择，本来清净的心性很可能不知不觉受到染污。

《新书》中有一段话，说明了学习古圣先贤之道的原因："汤曰：'学圣王之道者，譬其如日；静思而独居，譬其若火。夫舍学圣之道，而静居独思，譬其若去日之明于庭，而就火之光于室也。然可以小见，而不可以大知。是故明君而君子，贵尚学道，而贱下独思也。'"

这段话是讲，学习古圣先王之道的人像被太阳照耀一样；一个人静坐冥思苦想，如同舍弃太阳的光明，而去屋里接近小小的烛光。后者虽然可以让你有小小的见识，但开启不了大智慧。所以，明智的君主和君子都崇尚学圣贤之道，崇尚读诵经典，而不是独自一人冥思苦想。所以，要学习圣贤之道，读圣贤经典，这样才能学有所成，进而变化气质，成圣成贤。

这里强调，古圣先贤求学和现代人求学的目的不同。现代人求学注重的是学知识、学技能，旨在广学多闻；而古人求学的目的是明心见性，所以求专一，求戒定慧。因戒得定，因定开慧。所以，并不是学得越多，知识越广博，就越有智慧。智慧是人本自具足的，只不过被各种烦恼习气所障碍，不得显现。学道的过程，就是一个不断减少的过程。

正如老子所言："损之又损，以至于无为，无为而无不为。"不是说学得越多就越好，有知，就一定有所不知。人知道得再多，只要有知，就会有不知。怎样才能做到无所不知？那就必须"无知"。无知起作用，才是无所不知。像镜子一样，镜面上什么图画都没有，这就叫"无知"。所以能"胡来现胡，汉来现汉"，谁来就现谁的像。但是，如果镜面上有了图画，本身被染污、蒙蔽，谁来都照不清楚。老子讲："为学日益，为道日损，损之又损，以至于无为。"

佛学讲"般若无知"，无知起作用才是无所不知。这就是中国传统文化求道和西方人求学的不同之处。古人为什么强调读诵圣贤经典？为了静心。所谓"读书千遍，其义自见（xiàn）"，通过读书千遍把心定下来，让浮躁不安的心平静，定得久了，智慧自然开启。这就是《大学》所说的："知止而后有定，定而后能静，静而后能安，安而后能虑，虑而后能得。"可见，儒释道三家求道的方法其实是一致的，都是因戒得定，因定开慧。

"口无择言，身无择行。言满天下无口过，行满天下无怨恶。"如果所作所为都遵循礼法，遵循古圣先贤之道，遵循孝悌忠信礼义廉耻，久而久之，就会形成习惯，无须刻意选择。纵使言语传遍天下，也不会口中有失。即使所作所为为天下人皆知，也不会招致怨恨或厌恶。

"三者备矣，然后能守其宗庙，盖卿大夫之孝也。""三者"，指合乎先王礼制的服饰、言语和行为。宗庙是古代祭祀先人的场所。古代天子有七庙，诸侯有五庙，卿大夫有三庙，士有一庙，庶人没有庙。祭祀祖先就在宗庙进行。卿大夫的服饰、言语、行为，如果都能遵守礼法道德，就能守住祭祀先祖的宗庙，家道、家业、家风、家教代代相传。这就是卿大夫的孝道。

"《诗》云：'夙夜匪懈，以事一人。'"这句诗出自《诗经·大雅·烝民》。"夙"是早的意思，"夜"是暮的意思。"一人"，指天子。卿大夫早晚勤奋不懈地奉事天子，尽忠职守，这样才能实现其孝道。君臣是一体的，对天子尽忠，就是对人民尽忠，对自己负责，因为"自他不二"。所以，对天子的忠尽到极致，也可以明明德，通达自性，找到真我。所以，"孝悌忠信礼义廉耻"被称为性德。从任何一个字入手，把这个字做到极致，都可以回归自性，达到明明德的效果，它和自己的心性是相通的。所以，助人就是助己，对天子尽忠，其实是帮助自己达到"天地与我同根，而万物与我为一"的境界。所以，"一人"其实就是真我，真正的自己。

这段话的意思是说，不符合先王规定的服饰不敢穿，不符合先王礼法的言论不敢讲，不符合先王道德的行为不敢行。不合礼法的话不讲，不合道德的行为不做，败坏德行的言语不说，那么，即使言语传遍天下也不会有过失，即使所作所为天下皆知，也不会招致怨恨或厌恶。三者具备，就能守住祭祀先祖的宗庙。《诗经》说，要早晚勤奋不懈地奉事天子。这就是卿大夫的孝道。

《孝经·士章》讲述士的孝道，士要以侍奉父母的爱敬之心奉事国君、尊长，做到事君以忠，事上以顺，尽忠职守。

【资于事父以事母，而爱同；资于事父以事君，而敬同。故母取其爱，而君取其敬，兼之者父也。故以孝事君，则忠；以敬事长，则顺。忠顺不失，以事其上，然后能保其禄位，而守其祭祀，盖士之孝也。《诗》云："夙兴夜寐，无忝尔所生。"】

士人是指读书人，读书人之所以称为"士"，是因为他读的是圣贤之书。根据《白虎通》注释："士者，事也。任事之称也。""士"是为国家做事情的人。进，可以兼济天下，可以为国家服务；退，可以独善其身，可以在乡间教书，传承古圣先贤的教诲，促进社会风气的改善。

古人讲"士农工商"，"士"有清高的品德，受社会大众尊重，所以排在第一位。这就是《孟子》所谓的"无恒产而有恒心者"，士人学做君子、学做圣贤的心，恒常不变。正是因为士人有高尚的品格，所以特别受社会大众尊崇。古代社会尊崇道德，把道德摆在第一位。现代有所不同，常常是把有钱的商人摆在第一位，而把读书人摆到最后。

什么样的人才能称为"士"？《孔子家语》记载，鲁哀公向孔子请教，怎样任用鲁国的士人来治理国家？孔子说，要懂得辨别"五仪"（五种类型的人），也就是庸人、士人、君子、贤人和圣人。然后，加以适当地任用，就可以把国家治理好。

所谓庸人，指心里没有存着谨慎行事、慎始慎终的原则；口里所讲的不是伦理道德的教诲之言；不会选择贤人托付终身，不会力行伦理道德成就自己；在小事上明白，却在大事上糊涂；随波逐流，没有主见。可见，世间庸人很多，一般人不懂得提升个人的道德修养和人生境界，目光短浅、心胸狭隘、唯利是图，整天谈论家长里短、鸡毛蒜皮的小事。这就是庸人。

什么是士人？孔子说："所谓士人者，心有所定，计有所守。虽不能尽道术之本，必有率也；虽不能备百善之美，必有处也。"士人心中有明确的目标，做事有原则。虽不能尽知道德学问的根本，但一定有遵循的标准；虽不能完全具备各种美德，但一定有安处的规范和原则。

"是故智不务多，务审其所知；言不务多，务审其所谓；行不务多，务审其所由。"智慧不务多，但一定有所判断，明了是非善恶；言语不务多，但一定能明确地表达意义；行为不务多，但一定知道行为背后的原因。"智既知之，言既得之，行既由之，则若性命形骸之不可易也。"既然有智慧知晓善恶，言语能够表达清楚，行为上也能遵循事理，志向就会像性命和身体一样不可改变。这里特别强调心有所主，不能随便、随意地改变自己的志向。

"富贵不足以益，贫贱不足以损，此则士人也。"富贵不足以让他更加骄慢，贫贱也不足以让他有所忧戚，这就是士人。可见，做一个士人也不容易。士人有明确的目标，而且坚持不懈地为自己的目标奋斗，能够做到宠辱不惊。

君子的要求比士人更高，君子说话一定忠实守信，心里没有埋怨，行为符合仁义，又没有夸耀自己的神态。思虑通达明了，言辞却不专断，坚定地信奉道义，而且身体力行，自强不息。所作所为是自然的，别人好像能超过他，但终究又赶不上，这就是君子。

贤者，德行不逾越礼法，行为中规中矩。言论足以成为天下效法的标准，又不伤害自身。道义可以教化百姓，又不伤及根本。如果富裕，不会积财丧道。如果惠施百姓，天下将没有病贫之人。这就是贤者。

圣者与天地合其德，做事没有执着，会随着时间、因缘变通无碍地做事。就如孟子评价孔子，"圣之时者也""可以仕则仕，可以止则止，可以久则久，可以速则速"。穷究万事万物始终的规律和道理，把大道传布天下，使天下人自然地改变性情，形成良好的道德品性。他的光明与日月同辉，他的教化影响迅速，效果神奇。一般人不知道他的德行这样高尚，即使见到也不知道他的高深莫测，这说明圣人不是故意表现得与众不同。德行和教化影响深远，这样的人就是圣者。

《论语》有段话专门解释"士"。孔子的弟子子贡请教："何如斯可谓之士矣？"孔子回答："行己有耻，使于四方，不辱君命，可谓士矣。"士人，有羞耻心，行为符合道德规范。如果一个人没有羞耻心，做什么事都无所谓，久而久之，会堕落得离禽兽不远。所以，"行己有耻"，"耻"字很重要。

孟子强调："耻之于人大矣。""耻"对人而言，太重要了。"以其得之则圣贤，失之则禽兽。"特别是做老师的，学为人师，行为世范，"耻"字就更重要。如果行而无耻，则不堪为人师。有羞耻心，进能成圣贤，退也不失为君子。

"使于四方，不辱君命。"士人接受国家的任务，出使任何国家都不会给自己的国家丢面子。子贡可能觉得这个标准还是很高的，就问："敢问其次？"孔子说："宗族称孝焉，乡党称弟焉。"在宗族里面，人人都称他是孝子；在邻里乡党之中，人人都称赞他尊长爱幼。

子贡又问："敢问其次？"再退一步怎么讲？孔子说："言必信，行必果，硁硁然小人哉。"讲话诚信，做事坚决果断，从不会知而不为，知道就要做到。所以，学习圣贤教诲要真干、要落实。"硁硁然"，形容石头互相碰撞时发出的声音，表示不改变，也就是矢志不渝、锲而不舍。"小人哉"，"小人"是从德行意义上讲的，虽然没干大事，但能做到谨守道德仁义，也不失为士人。

孔子讲了三个层次的士人，即使是第三等，也有坚持真理、锲而不舍的精神，还能知行合一。即使不能兼济天下，至少也能独善其身。这样的人才够"士"的资格和标准。

士如何行孝？"资于事父以事母，而爱同；资于事父以事君，而敬同。故母取其爱，而君取其敬，兼之者父也。""资"，是取的意思。侍奉父亲和母亲，亲爱之情虽然相同，但恭敬之情不同。父母爱儿女，儿女爱父母，他们之间有一种自然的、天生的亲爱，不学而能。用侍奉父亲的心来侍奉母亲，其中的亲爱是相同的。侍奉父亲和君主，恭敬之情虽同，亲爱之情却不同。在家怎样尊敬父亲，就要用同样的尊敬奉事君主。因此，用侍奉父亲的心来奉事君主，其中的恭敬是一样的。侍奉母亲，采取的是亲爱；奉事君主，采取的是恭敬；而侍奉父亲，则是亲爱与恭敬两者兼而有之。

侍奉母亲，无论什么时候、什么地点，都要竭尽爱护之情。例如，母亲有好事情，要和母亲一样欢喜；母亲不开心，要想方设法地令母亲欢心；有好东西，要让母亲先享用；母亲有危险，要奋不顾身地去保护；有好事情，也要首先分享给母亲；心里不高兴、苦闷，也要首先告诉母亲；好的房屋，要让母亲先住；母亲的心愿要帮她完成；不能辜负母亲对自己的期望……这些都是对母亲的爱。

而奉事君主，要采取一个"敬"字，竭尽尊敬，就如同在家里尊敬父亲一样尊敬君主。但是，现在的问题在于，孩子在家里不知道如何恭敬父亲，所以，到工作单位也不知道如何恭敬领导。

周公有个儿子叫伯禽，伯禽和叔叔一起去见周公，结果去了三次都被周公给打了出来。伯禽很奇怪，去向很有学问的商子请教："为什么我去见了父亲三次，都被父亲打了出来？"商子启发他说："南山的阳面有一种树叫桥树，北山的阴面有一种树叫梓树。你分别去看一看，就明白了。"伯禽到了南山的阳面，看到那里的桥树长得又高又大，树冠是向上昂着的。而北山的阴面，梓树长得又矮又小，树冠是向下俯着的。

伯禽回来后，向商子报告。商子说："从桥树我们看到了父道，而从梓树的姿态，我们看到了为人子应有的态度。"伯禽一听很受教。下次再去见父亲，一进门就赶紧小步快跑，以示恭敬，一入室就赶紧跪下向父亲请安。周公很高兴，说："你这是得到有德行、有学问的人的指教了。"

可见，儿女对父母应该恭敬有礼。孝，最重要的是养父母之心，而养父母之心首先要恭敬父母。恭敬父母要做到"色"，也就是《弟子规》所说的"怡吾色，柔吾声"。所以，有弟子来请教孔子什么是孝，孔子说"色难"，对父母保持和颜悦色是难能可贵的。除此之外，养父母之心，还要让父母对自己的所作所为放心，不要让他们担忧，做到"父母唯其疾之忧"。父母仅仅为你的疾病而担忧，完全不必为你的其他事情而担忧，这才是真正的孝子。

作为卿大夫，如果结交不三不四的朋友，崇慕虚荣，骄奢淫逸，结果因为贪污受贿、违法乱纪而锒铛入狱，让父母蒙羞，这是大不孝。如果能守住"孝"字，让父母事事对自己放心，并且用这种心奉事君主，替君主办事，就是"移孝作忠"。所以这里说，"故母取其爱，而君取其敬"。

对于父亲，应该是什么样的态度？"兼之者父也。"以对母亲的纯爱以及对君主的纯敬，兼有这两者来侍奉父亲。也就是说，对父亲既有爱又有敬，两者兼而有之。

"故以孝事君，则忠；以敬事长，则顺。"作为臣子，最重要的是尽忠。《孝经》体现了一个很重要的精神，就是"移孝作忠"。侍奉父亲，要对父亲尽孝道，用对父亲尽孝的"敬"字来事君，就是以孝事君。事君，要讲一个"忠"字。如何做到"忠"？古人解释为"尽己"，就是竭尽全力把自己的本分、职责做好，让领导放心，这就是尽忠。君，在古代是君主，在现代是领导，是在位的领导者。能够处处事事竭忠尽智，把他们交代的事办好，让他们放心，这就是尽到了忠心。

"以敬事长"的"长"是兄长。在家，弟弟要尊敬兄长。把这种敬重兄长的品质用到社会，尊敬外面的长者，就是"以敬事长"。在外面工作时，遇到比自己年长的人，要把他当作家里的哥哥来看待，做到一个"敬"字。"敬"要怎么做？这里强调"顺"字，即恭顺。

古时候，一般人看到年纪比自己小的人都懂得爱护，无论是说话还是做事，都懂得关照年幼之人。相应地，年纪小的人对于年长之人都懂得顺从。所以，对于年长之人说的话、指导的事情，要顺从、听话。即使他所说的话，在你看来不是很恰当，不能认同，也可以姑且听之，不必当下非要提出相反的意见来辩驳。这就是"以敬事长，则顺"。

做到顺有什么好处？在外面做事，一切顺遂。当然，顺不是一味地讨好巴结、谄媚别人，是从内心尊重别人，别人自然会爱护你。你做什么事情，与别人来往，一切都会非常顺利，没有那么多障碍和困难，没有人来故意找你的麻烦。"顺"字不是贬义词，而要做到顺，就必须恭敬他人。

用侍奉父母的孝心来奉事国君，就能做到忠诚；用侍奉兄长的恭敬心来奉事上级，就能做到顺从。

现在企业都在讲执行力。怎样才能有执行力？《弟子规·入则孝》有四句话："父母呼，应勿缓；父母命，行勿懒。父母教，须敬听；父母责，须顺承。"一个孩子在家里孝顺、尊敬父母，走上社会也自然

第四讲 承传家风家业的方法 | 55

地表现出这种恭敬和孝顺，也能做到"老师呼，应勿缓；老师命，行勿懒。老师教，须敬听；老师责，须顺承"。走上工作岗位，也能做到"领导呼，应勿缓；领导命，行勿懒。领导教，须敬听；领导责，须顺承"。所以，中国人特别重视孝道，从对父母的态度培养对领导、对长辈的恭顺态度。

"忠顺不失，以事其上，然后能保其禄位，而守其祭祀，盖士之孝也。"做事能够竭忠尽智，能够顺从，用这样的态度来奉事国君和上级，就能保住自己的俸禄和职位，守住宗庙的祭祀，这是士人应尽的孝道。这就是告诉人们怎样"移孝作忠"，把家里对父母的孝心移到为国家、为领导、为人民服务就是尽忠。而能够尽忠职守，才能保全家业，也能更好地对父母尽孝，两者相辅相成。这是士人的孝道。

"《诗》云：'夙兴夜寐，无忝尔所生。'"这句话出自《诗经·小雅·小宛》。"夙"是早晨，"兴"是起来。早晨起来，夜间睡觉，从早到晚，时时刻刻都想到在家如何孝敬父母，到朝廷为官如何尽忠职守，忠于君主，如何做到恭敬顺从，不和人起冲突、起对立。"无忝尔所生"，"忝"是辱的意思，"所生"指父母。"士为孝，当早起夜卧，无辱其父母也。"一时一刻都不松懈，所作所为就不会让父母蒙羞。

士人包括公务人员、教师，也包括在民间做事的人，范围很广泛。这一章讲士人把对父母的敬和爱推广到外面的人，也就是领导、年长的人。这样去做，在为人处世、待人接物、学习中华文化等方面，就能有所成就。

《孝经》讲，无论天子、诸侯、卿大夫、士，都要从各自的本位出发，尽孝道，一步一步学做圣人。

中华文化好在哪里？孔子按照身份不同，指点不同的人从各自的

本位出发来修学。今天的读书人很多，无论从事哪种行业，都属于士人，如果能尽这样的孝道，人格就可以健全。人格健全，就会沿着学习圣贤这条路一直往前走，就能体会到它的好处。

第五讲　寻常百姓家的孝道

《孝经·庶人章》讲平民百姓的孝道。在日常生活中不违礼法、恭谨做人、节约用度，努力奉养父母，这就是庶人的孝。本章最后总说五孝，指出人虽有贵贱、尊卑的不同，但事亲尽孝的心是没有差别、没有终始的。

【因天之道，分地之利，谨身节用，以养父母，此庶人之孝也。故自天子至于庶人，孝无终始，而患不及者，未之有也。】

"**因天之道**"。"因"是顺着、循着的意思。顺应自然天道的规律，就是"因天之道"。古人讲，生产要顺应自然天道的规律。一年有春夏秋冬，春生夏长，秋收冬藏。农耕要顺应天时，春天生发，夏天滋长，秋天收获，冬天储藏。

现在科技发展了，可以种反季蔬菜。实际上这种反季蔬菜容易生虫害。怎样对待虫害？用农药。一种农药不够，还要几种农药配合起来。这会对人和自然产生不利影响，属于不健康的生产生活方式。

古人认为，生产要顺应自然之道，生活也要顺应自然天道，这才是养生。过夜生活的人就违背了春生夏长、秋收冬藏的规律。一年有四季，一天也有四季。立春是早晨三点钟，三点钟春天已经到来，春天主生发，这时我们就可以起床活动、读书。五点钟是惊蛰，是小动物出来活动的时候，这时我们可以打打太极拳，练练八段锦，对于自己的生活、精气神都很有好处。六点钟是春分，春天的一半已经过去，再迟不能超过六点起床，否则赶不上春天的生发。春天生得不好，夏天长得就不会很茂盛。夏天是上午九点钟到下午三点钟，有的人上课或者工作会无精打采。下午三点钟到晚上九点钟是秋天，主收。最好的休息时间是晚上九点钟到凌晨三点钟，特别是晚上十一点到凌晨一点，这是一天的寒冬。如果这个时候还不睡觉，等于穿着很单薄的衣服出现在寒冬腊月，久而久之，很容易生病。

按照自然节律饮食起居，脸上会非常有光泽。反之，那些过夜生活的人，晚上该睡觉的时候不睡觉，早晨该起床的时候不起床，没有赶上春天的生发，脸上就黯淡无光，久而久之，身虚体弱，还容易生病。

按照自然节律饮食也很重要。比如，早饭要吃好，午饭要吃饱，晚饭要吃少。现在的人恰恰相反。早晨要去上班，又起得很晚，匆匆忙忙吃上一口饭。中午吃一个盒饭，将就一下。到了晚上大吃大喝，应该吃得少的时候，恰恰吃得最丰盛。如果晚上有宴请，要喝酒，还要吃大鱼大肉。试想，这些大鱼大肉放在常温下会如何？夏天三十几度就会变质。把这些大鱼大肉吃进去，没多久就上床休息，胃的活动变慢。这些大鱼大肉在37℃左右的温度下，停留七八个小时能不腐烂？第二天早晨起来一打嗝，气味很难闻。所以，很多人口气很重，和自己没有按照自然节律饮食起居密切相关。

古人讲究养生之道，"上医治未病，不治已病"。按照自然节律饮食起居，这叫天补。药补不如食补，食补不如天补。

《礼记·月令》说，吃什么样的食物健康、养生？吃当地、当季、方圆三十里之内的食物。很多人不明白这个道理，花很多钱去买进口的、昂贵的水果，不知道一方水土养一方人。所以，到一个地方吃什么，就看当地人吃什么。一般来说，哪些是当地市场上最多、最便宜的，哪些就是当季的。

"分地之利"。"分"是分别、辨别的意思，"利"是利益、好处。

古人说，要分辨"五土"，根据《周礼·大司徒》记载，"五土"是指"一曰山林，二曰川泽，三曰丘陵，四曰坟衍，五曰原隰（xí）"。"分地之利"是分辨山林、川泽、丘陵、水边平地、低洼湿地等五种不同的土地，观察其特性和优势，因地制宜地种植农作物。这是合理利用土地来获得最大的收成。这样既保护了环境，又能充分利用土地资源，节省成本，还有利于人体健康。

"**谨身节用，以养父母**"。郑玄注："行不为非为谨身，富不奢泰为节用。"所作所为都符合正道，不为非作歹，叫"谨身"。也就是行为谨慎，以遵守礼法的要求；言行合于礼法，不做违礼的事，就能远离刑罚的羞辱。"节用"是节约俭省，生活不奢侈浪费，不过度消费。谨慎尊礼，节省用度，以此来供养父母，这是一般百姓应尽的孝道。

唐玄宗用三句话来批注："身恭谨则远耻辱，用节省则免饥寒，公赋既充则私养不阙。此庶人之孝也。"

"身恭谨则远耻辱"是谨身的意思。谨慎自己的行为举止和品德修养，就自然地远离耻辱。耻辱都是自我放逸的结果，人不自重、不自爱，才会遭受耻辱。特别是在污染、诱惑很多的现代社会，如果没有恭谨之心，在财色名利面前，把握不好自己，很容易败德坏名，甚至身败名裂，辱没父母。"不谤国主，不做国贼，不犯国制"，这些都是谨身的要求。

"用节省则免饥寒"，这句话也非常适用于当代社会。现在很多人养成了铺张浪费的习惯。古人很早就提出，家败离不开一个"奢"字。败家子吃穿用度很过分，这还不算，还可能有很多不良嗜好，比如好色、赌博等。这样奢侈糜烂的生活，即使家财万贯，也迟早会败散掉。所以，古人说"至要莫如教子"。

《习仲勋传》最后一章《家庭生活与家风》，记载了习老是如何教育孩子的。习老教育孩子从小养成节俭的良好生活习惯，他言传身教，从点滴做起，经常用"谁知盘中餐，粒粒皆辛苦"的名言教育孩子。吃饭时掉在桌子上的米粒儿都要捡起来吃掉，一丁点儿也不浪费。吃到最后，还要掰一块馒头，把碗碟上的菜汁擦干净。这种无声的教育使孩子们养成良好习惯。衣服鞋袜大都是接力，大的穿不下了，再让小的穿。

习老还非常注意保护环境，节约水电，经常教育家属和身边工作人员厉行节约。习老习惯用浴盆洗澡，每次洗完澡的水留着洗衣服。厅堂的灯，晚上一般很少打开。习老要求房间里只要没人，一定随手关灯。在外面散步时，看见地上有烟头，都会俯身捡起，扔进垃圾桶。在他的影响下，家人一直保持着随手关灯、节约用纸、拧紧水龙头、自觉维护公共卫生等良好习惯。不仅儿女们一直保持着，就连孙辈们也继承了这些好传统。

"成由勤俭败由奢"，这是历史规律。不仅一个家族如此，一个国家、一个企业、一个政党，也是如此。"富不过三代"，是因为第一代创业的往往都是白手起家，兢兢业业，艰苦奋斗，用自己的双手创下事业。到了第二代，条件好了，但是还能耳闻目睹父辈创业的艰难，知道克勤克俭，所以事业发展壮大。到了第三代，一出生就过上衣来伸手饭来张口的生活，不知道祖辈、父辈创业守业的艰难，不知道克勤克俭、励精图治，学会了骄奢淫逸、铺张浪费。久而久之，就会把祖辈、父辈打下的基业给败光。

在美国，只有30%的家族企业能延续到第二代，到了第三代就只有12%了，四代以后仍然存在的家族企业只有3%。同样的规律，在西班牙的说法是"酒店老板—儿子富人—孙子讨饭"。葡萄牙的说法是"富裕农民—贵族儿子—贫穷孙子"。而德国人则用"创造—继承—毁灭"来形容家族企业三代的发展情况。

现在经常看到年轻人坐飞机头等舱,动辄购买豪宅,出手阔绰,驾驶昂贵的跑车,佩戴名表、名贵的首饰。其骄奢程度令人惊心。司马光在《资治通鉴》中说:"爱之不以道,适足以害之也。"父母爱孩子,如果方式错了,恰恰是把孩子害了。

2002年,欧洲某金融世家的后代在继承了庞大的家产后,因服食过量的海洛因而去世,年仅23岁。这就是典型的"富裕病",病的原因是生活缺乏目标,最重要的是没有接受文化的熏陶和滋养。

学习传统文化的好处是用传统文化所讲的道理来指导生活,来教育孩子,家业、家风、家道代代相传,才能避免"富不过三代"的恶性循环。国有国法,家有家规,凡是承传三代以上的家族,都非常重视家庭教育。他们都很重视节俭,重视美德的培养。

康熙皇帝在位时颁布《圣谕十六条》,其中一条就是"尚节俭以惜财用",特别强调"开其源尤当节其流"。不仅要知道生产、聚积财富,还要懂得开源,更要懂得节流。懂得节省,在用度花销上不奢侈浪费,财富才会"不可胜用也"。

《礼记》讲:"国奢,则示之以俭;国俭,则示之以礼。"意思是说,如果这个国家奢侈之风盛行,就要教导人们崇尚节俭,要"示之以俭";如果这个国家风气太过简朴,就要"示之以礼",要懂得礼仪。过分的节俭是不符合中道的,要符合礼的要求。特别是当客人、外宾来访的时候,平时自己可以很节俭,但招待客人、招待外宾还是要符合节度,这样才不失礼。

孔子说："礼，与其奢也，宁俭。"礼与其搞得太奢华，太铺张浪费，还不如节俭。孔子提醒后人，节俭才是礼的根本。

习近平总书记指出："有些领导干部爱忆苦思甜，口头上说是穷苦家庭出身，是党和人民培养了自己，但言行不一，心里想的是自己当上官了，终于可以扬眉吐气了，要好好享受一下当官的尊荣，摆起官架子来比谁都大。享乐主义实质是革命意志衰退，奋斗精神消减，根源是世界观、人生观、价值观不正确，拈轻怕重，贪图安逸，追求感官享受。奢靡之风实质是剥削阶级思想和腐朽生活方式的反映，根源是思想堕落、物欲膨胀、灯红酒绿，纸醉金迷。"

在这种奢侈之风盛行的情况下，党在十八大之后提出了"八项规定"，这就是"国奢，则示之以俭"。而在位的领导者能够节俭，就会起到上行下效、立竿见影的教育效果。所以说，只要领导者带头反对奢靡之风，厉行节俭，大力倡导传统文化教育，坏风气还是可以扭转的。

古人说："暴殄天物，则必遭天谴；好蠹民财，则必招民怨；纵欲败度，殃祸立至。"意思是，如果对于自然界的物产过分地消耗，就会有灾祸。

明代有一个人叫张牧之，他们家世世代代都对国家有功勋，拥有的资产不计其数。他的福分其实都是祖宗积下的，但是他不知道节俭，过着奢华骄纵的生活，连王侯都比不上。婢女、奴仆都穿着绫罗绸缎，妻妾们的吃穿用度奢华，甚至拿绫罗绸缎来缠脚，拿帛做抹布，丝毫不觉得可惜。他们家有一个聚景园，春天牡丹花一开，就用各种奇异的景观搭成五亩人的棚子，用彩丝做绳，聚集姬妾一百余人歌舞饮酒，还取名为"百花同春会"，每唱一曲就赐绢两匹。

有位客人看了，劝他说："过去寇莱公身为宰相，让歌姬陪酒，只赏绫一匹，有识之士就讥讽他过于奢侈，并且作了一首诗：'一曲清歌一束绫，美人犹自意嫌轻。哪知织女机窗下，几度投梭始得成。'这首诗的意思是，有人唱一首歌就赠予一束绫，被赠的这个人还觉得赠品太轻。谁知道这匹绫是织女在织窗下拨动多少次梭子才织成。寇莱公听了这首诗很后悔，而明公您的爵位还不及寇莱公，用度不应该太过分。"

张牧之听后，却哈哈大笑："寇莱公是个穷酸汉，他哪里能和我相比？"到了冬天，他用彩色的绸子剪成花，挂在树枝上，旧了就换成新的，每年的彩绸费用不计其数。结果没过几年，张牧之就死了。他家被清算，妻妾们鞋穿破了，向人要一尺一寸的布丝，人家都不给。因暴殄天物而得灾殃，这就是活生生的例子。这样的例子在历史上有很多，可惜现代人不怎么读圣贤书，不懂得吸取经验教训。

党的十八大以来，党中央出台了一系列规章制度，对遏制领导干部的奢靡之风产生了强大的约束力。但是，如何遏制富商们的奢靡之风？那就必须通过传统文化教育，让他们读书明理，自觉地过上一种节约用度的生活，明白"富不过三代"，甚至"富不过当代"的道理。

"公赋既充则私养不阙。""公赋"是指税收。有了收入就要向国家缴税，这是每个公民应尽的义务。经典也有这样的教诲："不漏国税"，因为财布施得财富。对国家的贡献多，不偷税漏税，心地正大光明，日子自然越来越安稳，财富也会越来越多。

"此庶人之孝也"。"庶"是众的意思，为天下众人也。这是讲一般百姓的孝道。

东汉年间，有一个人叫江革。当时社会动乱，出现很多盗贼，为了避乱，江革背着母亲到处逃难。因为从小父亲过世，他和母亲相依为命。在逃难过程中，多次遇到盗贼抢劫。每次遇到这种情景，江革就会哭着说："我有老母需要奉养。"每一次盗贼都被他的孝心所感动，不忍心杀害他。

后来，江革背着母亲来到下邳（今江苏睢宁一带）这个地方。一路行走，钱财都用光了。为了奉养老母亲，他每天光着上身、赤着脚去给人家做苦工。靠出卖劳力，母亲所需的东西，他都一一置办齐全。江革已经贫穷到这样的程度，还是不辞辛苦地工作，不让母亲有所欠缺。试想，一般的百姓家庭如果贫困，还能像江革一样尽心孝敬父母吗？

"**故自天子至于庶人，孝无终始**"。"终始"是指孝道始于天子，终于庶人。无论是天子、诸侯、卿大夫、士，还是庶人，不分高低贵贱都要行孝，这就是"孝无终始"。

"**而患不及者，未之有也。**"这句话有两种解释。第一种，孝道是人人都能做到的，担心自己做不到，那是不可能的事。说不能孝敬父母之人，"非不能也，是不为也"。《德育古鉴》说，有些人名为孝子，实际上并不是孝子。例如，一些有钱人嫌父母年老多病，对外人说父母不愿意和自己住一起，所以就送到养老院去了；有的害怕父母太偏执，找个理由违逆父母的意思，和父母分家，离父母而去；有的厌恶父母耳聋眼花、腿脚不便、反应太慢，不耐烦，不以和颜悦色的态度来侍奉父母。"遂至日远日疏，备物鲜情，意色冷淡，尊而不亲。"对父母是一天一天地疏远，一天一天地冷淡，虽然物资都不缺乏，但很少有父子之间的亲情。"备物鲜情，意色冷淡"，在心里既不依恋牵挂，在表情上也很冷淡，对父母没有发自内心的关爱之情。"尊而不亲"，虽然尊重父母，但是没有亲情。所以，尽心竭力地侍奉父母，确实不是一件容易的事。

历史上有很多名人的故事，告诉大家应该怎样尽心竭力地照顾父母。例如，有一位德行和道业都很高的道济法师，经常担着担子到城外去讲经，担子的一头担着自己的母亲，另一头装的是经书、佛像等。讲经的时候他经常对人讲，如果谁有父母能亲自奉养，他的福分就和供养登地菩萨所获得的福分是一样的。所以，家有父母可以奉养，那是福分，是给自己积福的好机会。

母亲的日常生活，道济法师都尽心照管。有人看他讲经很辛苦，想帮他照顾母亲，道济法师说："吾母非尔母也。"意思是，这是我的母亲，不是你的母亲。道济法师坚持亲自照顾母亲。无论是出家的僧众，还是在家的居士，听到道济法师的故事都被他感化，很多人感到很惭愧。自己虽然有条件，但是并没有像道济法师那样，竭尽全力地照顾父母，以尽孝道。

"患不及者"还有另一种解释，"患"是祸患。一个人能行孝道，就可以远离祸患，趋吉避凶。

由此可见，从天子到百姓，不分贵贱，行孝都是无始无终，没有止境的，要始终如一地践行孝道。这是总说五种孝道，强调上至天子，下到普通百姓，都应当圆满孝道、践行孝道，这样，灾难自然远离。这就是"未之有"，从来没有过。

《德育古鉴·孝顺》篇导言中有段话总结了为什么现在的孩子做不到孝顺父母。开头说："颜光衷曰，天下哪有不孝的人？"因为孝是人的天性和本性。这种天性，当孩子在摇篮里的时候，在襁褓中的时候，就能观察到。孩子对父母的微笑、亲爱、依赖是自然而然的，没有任何矫揉造作，不是装出来的，不需要人教。天生对父母就有一种亲爱，父子有亲，这是天性，哪有不孝的人？

"虽有不孝的人，而称之孝则喜；名之不孝，则怒且愧。"即使有不孝的人，如果大家称赞他很孝顺，他也会很高兴、很欢喜；如果大家批评他不孝顺，他也会非常愤怒、生气，而且很惭愧。

"充此良知，便是大孝根苗，只是习性习气不能自化，所以依旧不孝也。"把良知良能、本有的良心扩充，这就是大孝的根本。只是因为已经养成习惯，所以不能改变不孝的行为，依旧去做不孝的事。不孝的人之所以习以成性，是有原因的。颜光衷把原因归结为七个方面。

第一是娇宠。因为父母对孩子的怜爱太多，经常顺着孩子的性子，事事让孩子占先，做事都先考虑孩子的需要，任孩子安乐。突然做了不顺孩子意思的事，十件事有九件事满足，只有一件事没有满足，他就不能忍受，就要哭闹。这是因为平日娇宠惯了。

第二是习惯。如果一个人语言粗率惯了，他就敢对父母说一些违逆的话；如果一个人对父母的照顾简慢惯了，他就敢做一些放肆的事。父母习惯于把好吃的留给儿女，自己少吃，甚至不吃，久而久之，儿女会习以为常，不再能体会到父母的感受。父母经常拖着病体去做家务，久而久之，儿女就习以为常，不关心父母的痛痒。这就是因为习惯。

第三是乐纵。有的人对朋友特别讲义气，朋友说："你今天有没有时间？陪我去喝个酒，招待下客人？"他马上为朋友两肋插刀，和朋友出去吃喝，而且还慷慨大方。但是"对双老而味薄"，请父母出去吃顿饭，就不愿意花那么多钱，觉得浪费。对待自己喜欢的人很幽默，想方设法地讨对方欢心，对父母却默默无言。更有甚者，还认为父母是俗人，自己的境界很高，不愿意和他们相处。

第四是忘恩记怨。恩义、情义时间长了，就容易忘记。陌生人或者其他人对自己有恩，能做到"受人滴水之恩，长思涌泉相报"。但是与人的仇怨，每每想起来，会把自己气一遍，然后累积起来，越积越深，久久不能忘。陌生人偶尔给了一顿饭，就感恩戴德；父母长久地对你好，你却因为小事记怨不休。

有个女孩在家和母亲吵了一架，一生气就离家出走了。结果身上也没带多少钱，又是大冷的冬天。她到了一个包子铺前，看着热腾腾的包子，饥肠辘辘。老板娘知道她很饿，说："你过来吧，我给你煮一碗面，不要钱。"女孩吃了面，顿时觉得很暖和，对老板娘感恩戴德。老板娘问她："你为什么要离家出走？"女孩说："我的母亲对我特别不好，说了几句话让我生气，我就离家出走了。您对我却这么好，在我无依无靠的时候，还给我一碗面，不收我的钱。"老板娘也是做母亲的，她很有智慧，她说："从小到大，你的母亲不知道为你端过多少碗饭，帮你洗过多少次衣服，做过多少事，你有没有对你的母亲感恩戴德？我仅仅给你端了一次饭，你就这样感恩我，这可是分不清哪个重哪个轻啊！"

女孩听了很惭愧，赶紧往家跑。当她跑到家所在的巷子时，看到母亲正在焦急地东张西望，逢人就问："你看到我的孩子了吗？"看到这种情景，她忍不住掉下眼泪。

一饭之德，尚且记在心上，父母每天都给我们做饭，我们反而嫌味道咸了、味道淡了。人家帮助你一次，你知道感恩戴德；父母经常帮助你，经常照顾你，每天如此，你却还嫌父母帮助得少、态度不好、比上次不够多。

和陌生人见面，朋友介绍说这是谁谁，一见面你觉得很亲近，就对他很有礼貌，很热情。但是，如果长年累月地生活在一起，彼此之间会不会有矛盾？更何况父母，从小就和他们生活在一起，慢慢地习惯了，这就是"以亲爱为故常"，认为父母这样照顾自己，处处体会自己的需要、关心自己，都是应该的。有的时候父母为自己担心，还嫌他们多事。父母常常教诲、叮嘱自己，还对父母的用词挑来拣去。甚至父母鼓励、夸奖自己，还招致自己的讨厌。父母辛辛苦苦地庇护儿女，做儿女的却不知道感恩。父母勉强自己做某些事，我们还怒目而视，对父母发脾气。对眼前父母的大恩大德尚且认识不到，遑论父母的胎养之劳、哺乳之苦。对于母亲的十月怀胎之苦，还有三年不免于父母之怀的哺育之恩，又怎能想到？这就是"忘恩记怨"所导致的。

第五是私财。把财产看得太重，钱财到了自己手里，认为是自己所有。不仅如此，钱财在父母手里，还认为应该给自己才对。钱财具足的时候忘了父母，钱财匮乏的时候，希望从父母那里得到钱财。求钱财求不到的时候，会怨恨父母。父母不能养活自己，需要照顾的时候，就更加厌弃父母。

现实中甚至发生过这样的事情。一个父亲把独生儿子养大，但是父子为了钱财，却形同陌路，吵上法庭。这时，对于儿子来说，应该想一想，自己的身体是谁生养、谁哺育的？既然这个身体是父母给的，父母哺育的，那这个财又是谁的财？所以，不要因为财产和父母起纷争。

第六是恋妻子。"妻子"是指妻子和儿女。挣了钱，买好吃的，就让妻子高兴，让儿女享受。有了空闲，会带着妻子儿女去度假。这样一来，和父母相处的时间越来越少，更没有想着去讨父母的欢心。

第五讲 寻常百姓家的孝道 | 69

"不思子为我子，而我为谁子？"不考虑我的儿子是我的儿子，而我自己又是谁的儿子？自己当然是父母的儿子，应该孝养父母才对。"亲子我，而我不顾，则我亦何赖有子哉？"父母对我关爱备至，我却不照顾、赡养父母，又怎能指望儿女来赡养、照顾、回报我？希望儿女怎样对自己，自己就应该怎样对待父母。有些做儿子的一旦成家，有了妻子、儿女，对妻子、儿女关爱备至，结果父母反而没了儿子。这是因为做儿子的贪恋妻子、儿女，不懂得孝敬老人。

　　第七是争妒。父母对于儿女的照顾和爱护，其实都是平等的。父母对儿女的爱没有私心，儿女对父母却有顺有逆，所以，父母对儿女的爱也表现出不一样。如果顺着父母，父母爱儿女可能会多一些；违逆父母，父母爱儿女可能会少一些。这也是正常的。

　　如果失爱于父母，不为父母所宠爱，应该"行有不得，反求诸己"，平心静气地想一想，父母为什么对哥哥姐姐或者弟弟妹妹更好？如果见到兄弟姐妹被父母宠爱就咬牙切齿，心生怨气，父母知道了会伤心。这是和兄弟姐妹争妒而不孝父母。

　　做儿女的应该时时警醒、事事检点、念念克制。每时每刻，每一件小事，甚至每一个起心动念，以上这七种情况，都要从心底格除。

　　"勿以亲心之慈，我可自恕"，不要因为父母心地仁慈，不和我们计较，就宽恕自己。

　　"勿以世道之薄，我犹胜人"，不要因为世风日下，很多儿女不赡养父母，自己还能赡养父母，就认为自己做得比别人好。现在很多电视媒体也有一些消极影响，经常把那些儿女不孝父母、兄弟因为财产争讼的事情搬上荧幕，久而久之，会让观众觉得天下很多人都不赡养父母，相比那些人，自己做得不知道强多少倍。

我们看到古人侍奉父母的故事，会觉得非常惭愧。社会应该隐恶扬善，经常把孝敬父母、友爱兄弟的故事讲出来，这样才能提起人们的孝敬之心。

孔子有一个弟子叫子路，他很孝敬父母。家里很穷，他自己吃豆叶做的简单食物，但是不让父母吃得和自己一样简单，到百里之外给父母背米。不论严寒还是酷暑，都坚持如此。

等到父母过世，子路到楚国出游，得到楚王重用。跟从的车子有上百辆，随从很多，享受的俸禄也很丰厚，真是"积粟万钟"，吃的也是山珍海味。但是他说："虽欲食藜藿，为亲负米，不可得也。"他还想像以前那样，为父母到百里之外去背米，但现在已经没有机会了，因为父母都已经过世。孔子听后，说："由也事亲，可谓生事尽力，死事尽思者也。"子路侍奉父母，做到了父母在世能尽心尽力地供养，父母过世还有思念父母的情义。不是说父母过世，就没有负担了，一下子解放了，而是时时惦记着父母的恩德。

古人在父母过世后，还常常思念父母，一想起父母还是非常伤悲。这就是《弟子规》所说的"丧三年，常悲咽"，这是为人子女应尽的孝道。

第六讲　以仁恕存心的子羔

《孝经·三才章》以曾子感叹孝的博大开始，引发孔子进一步阐明孝道深广的义理，说明孝乃天之经、地之义、人之行，所以，以天地人"三才"作为章名。

【曾子曰："甚哉，孝之大也！"子曰："夫孝，天之经也，地之义也，民之行也。天地之经，而民是则之。则天之明，因地之利，以顺天下。是以其教不肃而成，其政不严而治。先王见教之可以化民也，是故先之以博爱，而民莫遗其亲；陈之以德义，而民兴行；先之以敬让，而民不争；道之以礼乐，而民和睦；示之以好恶，而民知禁。"】

曾子曰："**甚哉，孝之大也！**"孝作为德行，尊无与等，故谓之大。《孝经·开宗明义章》讲道："夫孝，德之本也，教之所由生也。"可见，孝作为一种德行，没有比它更重要、更根本的。《孝经》从第二章到第六章，讲天子、诸侯、卿大夫、士和庶人的孝道，强调上自天子，下到普通百姓都要尽孝，无始无终。曾子赞叹孝道无限广大。

"大"字非常重要。从内容上看，孝养父母不仅要养父母之身，还要养父母之心、养父母之志、养父母之慧。仅仅赡养父母，让父母的物质生活无忧，并不是孝的全部。还要养父母之心，做到"父母唯其疾之忧"，父母仅仅为你的疾病而担忧，完全没有必要为其他事情担忧，这才是真正的孝子。无论为人处世、待人接物、工作学习，还是婚姻家庭、教育儿女，都能让父母放心，这才是合格的人。

养父母之心的另一层含义，是要尊敬父母，对父母说话要和颜悦色，保持耐心。像《礼记》所说："孝子之有深爱者，必有和气；有和气者,必有愉色;有愉色者,必有婉容。"

孝还要养父母之志,"立身行道,扬名于后世,以显父母,孝之终也"。"终"是圆满的意思。一个孝子全心全意为人民服务,为国尽忠,治国平天下,这才是父母所期望的。大孝是孝天下的父母,这是养父母之志。

孝还要养父母之慧。父母年纪越大,可能对钱财越贪恋,这时要提升父母的智慧,告诉父母钱财是身外之物,生不带来,死不带去,要看得破、放得下,最重要的是身心安康自在。这都是在提升父母的智慧。所以,孝的内容非常丰富。

从时间上而言,"生,事之以礼;死,葬之以礼,祭之以礼"。父母在世的时候要以礼来侍奉,"朝起早,夜眠迟",早晨起来先向父母请安、问候,看看父母需要什么,晚上侍奉父母先睡觉,然后自己才入睡,这都是为了免去父母的担忧。父母每天心里都惦记着儿女,时刻不忘记关心儿女。每天早晚去向父母问安,是让父母知道儿女的身心状态良好,让父母放心。父母过世要"葬之以礼,祭之以礼",春秋祭祀也是不忘本。这是告诉我们,行孝无终始。

从范围上来说,把对父母的孝心推而广之,移孝作忠,"老吾老以及人之老",大孝孝天下的父母,体现了孝之大。"孝"字写得很有味道,上面是"老"字的一半,下面是"子"字,子承老也。上一代还有上一代,过去无始;下一代还有下一代,未来无终。孝是无始无终,自始至终都是一体的关系,这叫竖穷三际。横的方面,"兄弟睦,孝在中",父母当然喜欢兄弟姐妹团结互助、和睦相处,所以,兄弟和睦、友爱、相互帮助,也是孝的一个方面。推而广之,四海之内皆兄弟也,这就是横遍十方。"竖穷三际,横遍十方"的其实是自性、本性。可见,从孝入门，可以回归自性，达到竖穷三际、横遍十方，无所不包、无所不能的境界。

"孝悌之至，通于神明，光于四海，无所不通。"由此可知，孝实在是伟大。孝道如此广大深远，从孝道入门做到极致，就可以回归心性，达到"明明德"的境界。

子曰："夫孝，天之经也，地之义也，民之行也。""经"，《白虎通》曰"常也"，指恒常不变的规律。例如，一年有春夏秋冬，四季轮转，万物也随之有生有灭，这是上天恒常不变的道理。"地之义也"，注解说"山川高下，水泉流通，地之义也"，山川有高有低，流水因之而畅通，自然从高处流到低处，这是大地的必然法则。

唐玄宗对这句话的注解是："利物为义，孝为百行之首，人之常德，若三辰运天而有常，五土分地而为义也。"唐玄宗解释说，利益万物称为义，孝为百行之首，是人恒常不变的德行，正如日、月、星三辰在天上运行而恒常不变。大地以山林、川泽、丘陵、水边的平地、低洼湿地等五种不同的土地滋养利益万物。就像谚语所说："靠山吃山，靠水吃水。"根据地势的不同，因地制宜利益万物，这是一种自然而然的规律。

"民之行也"，"行"，德行，孝悌恭敬。孝顺父母、友爱兄弟、恭敬长上，这是人自然的德行。孔子说，孝犹如天道运行恒常不变，犹如大地滋养万物，是人自然的德行。

"天地之经，而民是则之。""是"，复指前文的"天地之经"。"则"，效法。天地恒常不变的法则，百姓应该效法。夹注说，"天有四时，地有高下，民居其间，当是而则之"，天有春夏秋冬四时运转，地有高山低洼的不同，人生在天地之间，称为"与天地三"，也说"与天地参"，与天地并列为三，所以，应该参赞天地之化育，遵从并效法自然而然的规律。

"则天之明，因地之利，以顺天下。是以其教不肃而成，其政不严而治。""则"，视的意思，观察。"天之明"，天道彰明的客观规律。例如，春生、夏长、秋收、冬藏的运行是有一定规律的，人也要按照这种规律来生产、生活，这样就会身体健康，国家也得以正常运转。

"因地之利"，根据邢昺疏，"因依地之义利"，意思是因地制宜种植粮食作物，采取适宜的生产方式。

"以顺天下"，"以"是用的意思，用天时地利顺治天下，民皆乐之。"是以其教不肃而成"，"肃"，用严肃的惩戒强制民众接受。"成"，成功，达到目的。意思是，不用通过严肃惩戒的方式就可以达到教化的目的。"其政不严而治"，"政"，政事，政令；"治"，治理，天下太平，社会安定。

观察天时，因循地利，政令不繁杂苛刻，不需要严厉的手段，天下就得以治理。特别强调"顺"字，顺应天时地利的规律治理国家，叫顺治天下。一定要顺应天道来治理国家，而要顺应天道，首先必须认识天道。

孔子在《论语》中说："志于道，据于德，依于仁，游于义。"孔子教学的核心是引导学生追寻宇宙人生的大道真相，而现代人最大的问题就是不观察道，不明了道，不认识道，任性而为，为所欲为，还希望得到美好的结果，这就是南辕北辙。如何才能求得道？老子说，求道的方法和求学是不一样的："为学日益，为道日损，损之又损，以至于无为，无为而无不为。"圣贤是通过无为无知的方式达到无所不为、无所不知的境界。

圣人求道的方法是用心如镜。镜子上什么都没有，所以谁来现谁的像，这就是镜子的作用，无所不知。古人称之为"寂而常照，照而常寂"，它本身什么都没有，本心什么都没有，不起心、不动念、不分别、不执着，这就是寂。寂不是死气沉沉的沉寂，对什么都没反应，什么都不明了。恰恰相反，寂起的作用是能照，所以叫"寂而常照，照而常寂"。当一个人来到镜子前，镜子会把他照得清清楚楚，当他走了，镜子依然是一片清净，什么都没有留下，这就叫"照而常寂"。

圣人用心如镜，这个比喻用得特别好。每天我们会遇到很多人、事、物，当不起心、不动念、不分别、不执着时才知道心里的所思、所想、所求，这就叫"照而常寂"。首先，要把自己的心变成镜子，没有先入为主的执着，把自己的心照清楚，不要因为外在的思想、外在的理念、外在的境界影响自己的心。自己的心不动，外在境界高与低，别人做得对与错，都与自己没有关系，不受外在的影响，这就叫"照而常寂"。

中国古人认为，人皆可以为尧舜，任何人通过学习都可以达到圣人的境界，可以无所不知，无所不为，无为而无不为。圣人所体会的道有什么特点？王阳明说："夫大人者，以天地万物为一体者也。"得道之人有什么特征？得道之人认识到了什么？他认识到天地万物都是一体的关系，正如庄子所说："天地与我并生，而万物与我为一。"宇宙万物是一体的关系，一荣俱荣，一损俱损，这是整体观念、整体思维。正因这种一体的观念，中国虽然经历了漫长的历史发展过程，但是仍然保持了人与人、人与自然、人与社会、国与国之间的和睦相处，中华文明成为历史上唯一没有中断的文明。中华文明得以延续，究其根本，是因为中国人按照圣贤之道治国平天下，是因为中国人在绝大多数时刻，都尊重古圣先贤"志于道"的发展方向，遵循天人合一的世界观，采取"一体之仁"的整体思维方式，坚持"民胞物与"的道德观念。这种世界观、思维方式、道德观念，渗透在国家治理和社会制度建设的方方面面。

"中国之治"和"西方之治"不同，是一种"志于道"的文化。正是在这种"志于道"的文化指引之下，不同于西方的独具中国特色的政治、经济、文化、教育、法律、军事、外交等制度与政策得以展现出来。习近平总书记说："要了解今天的中国，预测明天的中国，必须了解中国的过去，了解中国的文化。当代中国人的思维，中国政府的治国方略，渗透着中国传统文化的基因。"有一次，习近平总书记去湖南考察，特意去了岳麓书院，说明习近平总书记一直对中华传统文化的弘扬非常重视。道，用现在的话来讲，就是规律，就是真理。

既然宇宙人生真相是万物一体的关系，那么，"顺天者昌，逆天者亡"。顺着自然规律去做，去治国，就可以兴盛发达；违逆自然之道，会招致凶灾，就会衰亡。古人通过对事物发展变化规律的观察，发现上天有好生之德，天地孕育万物，滋养万物，生生不息。"天道好生而恶杀"，喜好生养，厌恶杀害，这是宇宙万物运行的规律。《周易》说："天地有大德曰生。"老子说："天之道利而不害。"圣人是"为而不争"。再看一看万物，人、动物、植物都有贪生畏死的特点，这是与生俱来的自然本性。

《尚书》讲："好生之德，洽于民心。"喜好生养、爱惜生命的品德，符合民众的心意。《傅子》讲："民之所好莫甚于生，所恶莫甚于死。"《管子》讲："民之情，莫不欲生而恶死，莫不欲利而恶害。"这都是天道人情的反映。

顺应这种天道自然的规律，治国就要重视道德教育，综合运用礼乐刑政等手段。孔子说："听讼，吾犹人也，必也使无讼乎！"孔子作为司法官员，也是依照客观实情公正断案。他和别人不同的地方是"必也使无讼乎"，让人不起争讼。怎样才能让人不起争讼？一定要兴起道德教育，防患于未然，把人教成好人，教成善人，重视伦理道德的教育。

《尚书》讲："刑期于无刑。"刑罚不是以惩罚为最终目的，最终目的是让人不必再受到处罚。这说明即便使用刑罚，也是为了把人教成好人，有一颗仁心。所以，"志于道，据于德，依于仁"，这才是顺应天道的做法。教育不仅是教育工作者的责任，也是每一位领导者的责任。即使是身为执掌刑罚的司法官员，也要起到教育的责任。只要有一颗仁爱之心，必然会受人爱戴、尊敬。

《孔子家语》记载，孔子的弟子季羔在卫国做狱官，亲自判处一个人刖足之刑。后来卫国发生动乱，季羔想要离去，结果那个人正好守护城门，他对季羔说："这墙上有一个缺口。"意思是季羔可以从这个缺口逃跑。季羔说："君子不跳墙。"他又对季羔说："这里有一个洞。"季羔又说："君子不钻洞。"这个人又说："这里边有一间房屋可以藏身。"季羔就进去了。当追赶的人都走了，季羔要离开的时候，问这个人："我不能亏损君主的法律，所以亲自给你判处刖足之刑。现在我遇到了危难，正是你报怨的时候，你却帮我逃跑，为什么？"这个人回答说："您给我判处刖足之刑，是因为我犯下了罪，这是无可奈何的事。而且我看您治我罪行的时候，是先判了别人的罪，然后才判我的罪，这是希望我能够得以减免，我看出来了；当我的罪行被判定，将要行刑的时候，您面带忧愁，有一种伤痛见于面色，这一点我也观察到了。您这样做并不是想对我有什么偏袒，而是像您这样的君子，自然会有这种表现。看到百姓犯罪，有一种哀怜之心，会想：这个人因为没有受到良好的教育，所以才走到今天这个地步，是多么可怜，多么值得同情！这就是我爱戴您、帮助您的原因。"

孔子听说这件事，这样评价道："善哉为吏，其用法一也。思仁恕则树德，加严暴则树怨。公以行之，其子羔乎！"意思是说季羔做这个官吏，真是做得不错，虽然依法办事，但是心存仁恕，树立的是德行；太过严苛，树立的就是怨气。子羔既能公正执法，又体现出他的德行。爱百姓的心，他做到了。作为执法人员，除了秉公执法，也要心存仁恕，以仁恕存心。是仁恕存心还是残暴存心，是为了利益他人还是自私自利，结果完全不同。

《汉书》记载了酷吏严延年的故事。严延年身材矮小，精明强干，即使历史上以精通政务著称的子贡、冉有也未必胜过他。作为一郡的长官，凡是下属忠诚奉公的，他都会像对待自家人一样对待他们，且一心为他们着想，办理政事也不顾个人得失。在他管辖的区域，没有任何事是他不知道的。但是，严延年却有一个严重的问题，他十分痛恨坏人、坏事，被他诛杀的人很多。

严延年尤其擅长写狱词以及官府文书，只要是他想诛杀的人，他都亲手写奏折。他的狱词言之成理，所以很快就会把这个人判处死刑。到了冬天要行刑的时候，他命令郡下所属各县把囚犯都押解到郡上，集中在郡府统一处死，一时血流数里。为此，郡里的人称他为"屠伯"。"伯"是老大的意思，说他是屠宰的老大。在他的辖区是有令则行、有禁则止，全郡上下一派清明。

有一次，严延年的母亲来看望他，本来是想和他一起参加祭礼，但是她到洛阳的时候，正好碰上严延年处决犯人，非常震惊，于是住在道旁的亭舍，不肯进入郡府居住。严延年出城到亭舍拜见母亲，母亲却闭门不见。他在门外脱帽叩头，过了好一阵，母亲才同意见他。见面后，母亲斥责道："你有幸当了一郡的太守，治理方圆千里的地方，但是没有听说你以仁爱之心教化百姓、保全百姓，让他们平安，反而利用刑罚大肆杀人，以此来树立威信。难道身为百姓的父母官就应该这样行事？"严延年的母亲深明大义，知道儿子做得不妥当，治理没有抓住根本，而过于严苛。严延年赶忙向母亲认错，重重地叩头谢罪，还亲自为母亲驾车，带母亲回郡府去住。

很多人都认为严延年是个孝子，但实际上，孝子要养父母之志，要按照天道去治理百姓，让父母荣显，别人对你的父母都很恭敬，你的所作所为堪为后世效法。

祭祀完毕，母亲对严延年说："苍天在上，明察秋毫，岂有滥杀而不遭报应？想不到我人老了还要看着壮年的儿子身受刑戮。"严母为什么能判断出儿子的结果不好？因为严母明白"天道好生而恶杀"的道理，她已经预料到儿子的结果。她说："我走了，离开你回到东边的老家去，为你准备好葬身之地。"严母回到家乡，看到严延年同族的兄弟，也把以上这些话讲给他们。过了一年多，严延年果然出了事。东海郡的人没有不称颂严母贤明智慧的。

由此可知，明白道的人，按天道去为人处世、待人接物、治理百姓。既然上天有好生之德，为政也要顺应天道，以仁恕之心待民，而不能过于苛刻。为官者，所谓"民之父母"，父母爱儿女，是不是因为儿女有病了就弃之不顾？要爱民如子。如果把人民放在自己的对立面，把逮捕多少人、杀戮多少人作为自己的功绩，为了邀功请赏而毫无怜悯之心，这是与天道不相符的，结果一定不会好。

古人看到一个人的所作所为，就能预测他的未来，评价他的兴衰成败。这是因为古人读书明理，知道天道自然的规律。《汉书》说："王者承天意以从事，故务德教而省刑罚。今废先王之德教，独用执法之吏治民，而欲德化被四海，故难成也。"意思是圣王是承顺天道来治理国家，而天道好生恶杀，有仁爱之心。圣王一定是把道德教育作为首要任务，而把刑罚设置得非常简单。现在废除了古圣先王的道德教化，单单用执法之吏来制裁人民，还想让道德教化推之四海，这是很难成就的。这是董仲舒看到汉朝出现的弊端，上书进谏时所说的。

这两个故事告诉大家，同样是做司法工作的人，存心不一样，有的是虐民，用残酷的刑罚对待百姓，树立自己的威严，并以此为荣，有的却是心存怜悯。百姓对他们的回报是截然不同的，其人生结果也必然不同。

中国人有这种与天地万物为一的世界观，所以在处理很多问题上采取了与西方完全不同的方式。例如，西医的理念是消毒，消灭病毒，中医的理念是解毒。中国人讲化敌为友，而不是冤冤相报，没完没了。你踢我一脚，我就打你一拳；你再踢我两脚，我再打你两拳：危机是没有办法化解的，只会越来越严重，这就叫冤冤相报，没完没了。仇恨越结越深，双方都痛苦。而化敌为友，靠一颗真诚之心。

有一个故事叫《母亲的借据》，讲的就是这个道理。

母亲在中学教政治，爱教训人，总是板着脸讲大道理，不仅学生怕她念紧箍咒，连家长都怕她。十九年前的一天，我和母亲从亲戚那里借了钱之后回家，为省下坐车的钱，我们选择走小路。我们急匆匆地走着，谁都不说一句话。在过一个小桥时，我右脚的鞋子掉了下来。

借着穿鞋的工夫，我看了看四周，发现天已经全黑了，耳边再次响起亲戚的话："年底治安乱，今晚别赶回去了。"但母亲谢绝了亲戚的好意，借到钱，我们有说有笑地从亲戚家出来。

在我们离家还有半小时路程的时候，突然传来凶巴巴的一声："站住！别动！"两个男人像山一样堵住了我们的路。我哆哆嗦嗦地拽着母亲的手。母亲捏捏我的手心，轻轻地说："不怕，有妈妈。"那是两个男人，每人手里拿着一根很粗的棍子。夜色中，我看不清他们的表情，我想他们的脸上，肯定是杀气腾腾。我知道我们应该跑，可我也清楚，一大一小两个女人无论如何也跑不过两个身强力壮的男人。

我急得要命，母亲却低头望了望我，她神色平静，面色从容。可怕的沉默之后，右边的男人说话了："我只想要钱。"他似乎并不比我们轻松，我捕捉到他话音里的颤抖。母亲没有吭声。男人继续说："我们真不想伤害你们，我们也没办法，辛辛苦苦打工一年，老板带钱跑了，我们必须拿钱回家过年。你们城里人好歹比我们容易些。"说话的人语气倒老实，可他的棍子凶神恶煞地戳在那里。我很清楚，此时稍有不慎，我们就会受到伤害。

对峙片刻，母亲忽然叹着气，从口袋里拿出蓝色手绢，手绢里包裹的是刚刚借来的两百块钱。我记得那是四张崭新的票子，每张面额五十元。男人看到钱自然地伸出手。"慢！"母亲把钱往怀里一缩，她说："这钱不能让你们抢走！"那人的手停在半空。母亲说："如果今天你们抢了我的钱，不管数额多少，你们都是犯了罪的。我知道你们有难言之隐，可法律不管那么多。不光法律判你们的罪，就是你们自己内心深处一辈子也不会原谅自己。"这个时候母亲居然讲起课来，这实在出乎我的意料。她不慌不忙地说："我现在写张借条，不管你们多久还钱，五年、十年、二十年，甚至你们没钱还也没关系。只要记住：今天你们没有抢，你们是借我的钱，我希望你们以后也不要抢别人的钱。"说完，母亲从口袋里摸出纸笔，在黑暗中凭感觉写了张借据。她把钱和借据一起放到那个人的手里，说："上面有我的名字和地址，至于你们的名字，回去后你们自己填吧！"这种匪夷所思的事情，他们大概从来没有遇到过。他们愣了片刻，互相看了看，什么也没说，拿上钱和借据跑了。

余下的路程我一句话都没说，我失望极了。母亲居然向两个手拿棍棒的劫匪写下了世间最愚蠢的借据！那个春节，尽管母亲还是给我们买了巧克力，可是我心里很难过。关于那张愚蠢的借据，我始终无法释怀，我想这绝对不是母亲平日嘴里所说的勇敢。

两年后的一天，母亲从学校下班回家，她手里拿着一张汇款单，上面的数额是一千块钱，汇款人的名字却是陌生的。附言栏上这样写着："谢谢您没让我们走错路！"

曾被我认为非常愚蠢的那张借据，改变了两个人的命运！他们听了母亲的劝告，虽然在窘迫之下拿走了母亲的钱，但是也生起了忏悔心，最后有钱的时候加倍地来偿还。

中国人说"人之初，性本善"，还说"愧之，则小人可使为君子；激之，则君子可使为小人"。这位母亲就相信这一点，她使用的就是"愧之"的方法，让对方生起惭愧心，结果小人变成君子。这位母亲特别难得，难得的是她的仁爱之心，即使遭到抢劫，她也没有生对立之心、怨恨之心，而是以一种仁爱之心，设身处地为对方着想。这位令人敬佩的母亲可能是世界上最优秀的政治教师，面对歹徒，她是那么镇定、仁慈和智慧。她救两人于罪恶之门，并且感化他们悔过向善，实在是功德无量。可见，修善积德就在平日待人接物、起心动念之处！

古人说"公门里面好修行"。作为一个平凡的母亲，她能这样感化他人。作为政府官员，如果有一片仁慈之心，爱民如子，相信也有很多人会被感化。

"先王见教之可以化民也，是故先之以博爱，而民莫遗其亲"。"先之以博爱"，率先作出榜样，"博爱"，平等地爱护天下人。"博爱"有一个根：首先对自己的父母要讲孝道。把这种爱父母的孝心推广开来，教化天下人，使天下百姓也一样孝敬自己的父母，这就是"博爱"。"民莫遗其亲"，"遗"，遗弃，遗忘；"亲"指父母。古圣先王看到随顺天地之道教化人民很容易，所以，随顺人孝亲的天性去教导。《说文解字》说："教，上所施，下所效也。"自己先作出孝亲的榜样，然后再引导民众，民众自然跟从，不会遗弃双亲。

父母对儿女的教育、养育之恩是最深厚的，父母对儿女的付出是无私无求、不讲条件的，连父母这么大的恩德都不能放在心上想着报答，请问还有谁的恩德值得念念不忘？谁的恩德能够超过父母？遗弃双亲会导致见利忘义、忘恩负义的社会风气。人人孝养父母，说明社会上是知恩报恩、饮水思源的风气。

《晏子》记载，齐景公问晏子："明王之教民何若？"圣明的君王是怎样教导人民的？晏子回答说："明其教令，而先之以行义；养民不苛，而防之以刑辟；所求于下者，不务于上；所禁于民者，不行于身。故下之劝从其教也。"意思是，首先要使法令明确，做君主的要率先垂范，对待人民不能苛虐，不要用刑罚来防止他们作奸犯科；要求臣民做到的，上面的领导者必须首先做到，禁止臣民做的，自己也一定不去违犯，这样属下才能服从教诲。

"称事以任民，中听以禁邪，不穷之以劳，不害之以实。上以爱民为法，下以相亲为义，是以天下不相违也。"任用民众要与事功相当，司法公正才能禁止邪恶，不让民众非常劳苦，也不能用刑罚残害百姓。上面的人以爱民为原则，下面的人就会以相亲相爱为道义，这是圣明的君主教导民众的方法。由此可知，教导民众要领导者、教育者先受教育。

儒家思想不是统治阶级用来愚昧被统治阶级的精神鸦片、精神武器。翻开"四书五经"，没有哪句话是要求老百姓的，基本上都是要求领导者和君主的。百姓之所以受到教化，实际上是因为领导者的一言一行、一举一动，最需要受教育的是领导者和君主。

很多家长学习《弟子规》后，觉得《弟子规》很好，说："赶紧让我的儿子学一下。"其实，这样起不到教育的效果，反而会让孩子产生逆反之心。因为家长的一言一行、一举一动都没有做到《弟子规》，没有做到"以身教者从"。自己的一言一行、一举一动都符合《弟子规》的要求，再让儿女学习，他们才愿意学；如果自己做不到，儿女也很难做到。

现在的道德教育之所以不容易深入人心，第一个原因，没有从孝道开启一个人的爱心，所有的仁爱之心的原点是孝心，教育却没有从这个基础教导人孝敬父母。像很多企业培训，都希望员工感恩企业，但是他连父母都不感恩，都不知道回报，怎能感恩企业？建筑物没有地基，就希望它有第三层、第四层、第五层，那只能是空中楼阁。就像人们经常讲要全心全意为人民服务，学习雷锋精神，这是道德大厦的第五层，甚至是第六层。孝亲尊师的基础没有打好，就希望它有第

第六讲 以仁恕存心的子羔 | 85

五层、第六层，不切实际。

第二个原因，教育者教人要有道德，但是自己不道德，这样也教不好，孩子有逆反，属下有逆反，学生有逆反。

"陈之以德义，而民兴行"。《论语》中孔子说："上好义，则民莫敢不服。""陈之以德义"，陈说道德仁义。对于什么是道德仁义，做道德仁义之事对自己、对他人、对社会、对国家，乃至对世界有什么利益，要广泛地宣传。

现代人追求荣华富贵、孝子贤孙、健康长寿、聪明智慧、光宗耀祖，所采取的措施却恰恰相反，结果就事与愿违。原因是"人不学，不知道"。"德义"，《说文解字》解释，"德"者，得也，其实就是得"道"。得了"道"的人，是圣人所表现的品质，称为有德。圣人的言论、言行都记载于经典之中，学习经典就是按照圣人所理解的道来为人处世、待人接物，这样才会昌达，才能得到荣华富贵、孝子贤孙、健康长寿、聪明智慧，这叫得道者昌。顺道者昌，逆道者亡；顺天者昌，逆天者亡。孟子说："得道者多助，失道者寡助。"

"民兴行"，"兴"，兴起；"行"，实行。向民众陈述道德仁义，让民众心生仰慕，愿意效法，愿意推行，愿意实行。上位者喜欢道德仁义，民众就没有不信服的，没有不跟从的。

"先之以敬让，而民不争"。率先做到礼敬、谦让，于是百姓不相互争斗。周文王在做诸侯的时候，虞、芮两国的国君因为田产起了争执，就到西伯昌（就是当时的周文王）那里请他裁决。他们进入西伯昌的境域，看到上下无不礼让、谦让，感到非常惭愧，不再争执。天下诸侯听到这件事，归周的有四十多个。

"道之以礼乐，而民和睦"。以礼乐来引导，则百姓和睦相处。上位者乐于遵行礼法,百姓没有不恭敬的,这就是"上好礼,则民莫敢不敬"。中国古人把礼乐刑政作为治理国家的方法,特别强调礼乐之治,所以中国文化也被称为礼乐文化。如果礼乐文化做得好,礼乐盛行,那么"刑措不用,囹圄空虚",刑罚都可以搁置不用,监狱里没有犯人。

"示之以好恶,而民知禁。"将好恶的标准明示给人民,人民会因知道禁令而不违犯。告诉人民应该喜好孝悌忠信、礼义廉耻、仁爱和平这样的德行,做善事就给予奖赏,做恶事就给予惩罚,人民就不敢为非作歹。

《孔子家语》记载,孔子在鲁国做大司寇的时候,有父子两人起了争讼,孔子把他们关进同一间牢房,三个月没有进行判决。后来父亲提出撤诉,孔子就把他们父子都释放了,没有再追究。鲁国大夫季孙听到这件事很不高兴,他说:"我听您说,孝是治国的根本,现在杀一个不孝之人就可以警诫全国老百姓都行孝,但是您不把他杀掉,还把他给放了,这是什么缘故?"孔子说了一句意味深长的话:"上失其道而杀其下,非理也。"上位者没有教导百姓走正道、行孝悌,百姓犯了罪,就把他给杀掉,这不符合情理。

"不教以孝而听其狱,是杀不辜也。"不教导民众培养起孝心,而用孝来审判官司,这是杀无辜之人。"三军大败,不可斩也;狱犴不治,不可刑也。"全军溃败,不可以斩杀士卒;司法混乱,不可以惩罚百姓。为什么?"上教之不行,罪不在民故也。"上面的教化不能施行,罪责不在百姓身上。

"夫慢令谨诛,贼也。"法令不严谨,诛杀却很严苛,这是残害百姓。"征敛无时,暴也。"横征暴敛,没有一定的时节,这叫暴政。"不戒责成，虐也。"没有事先警诫教育，就苛求百姓做到，这叫虐政。做不到就施以刑罚，这是虐政。

"故无此三者，然后刑可即也。"杜绝上面所说的这三个方面，然后才可以用刑。

所以，道德的教化是有步骤的。孔子说："既陈道德以先服之。"首先要宣讲孝悌忠信礼义廉耻的道理，人顺服了，明白是非、善恶、美丑的标准，就不会轻易去作恶。现代社会看似重视道德教育，实际上很多人并没有是非、善恶、美丑的标准。很多人从小到大上过很多课，但是很少有一堂课教过什么是孝敬父母，做到哪些方面才叫孝。所以，当我们对年轻人说"你不是一个孝子，你这样做是不孝的行为"，很多年轻人不认可。他认为："我就是一个孝子，你怎么知道我不孝？"有的已经被抓到派出所，警察对他说："你这样很不孝。"他说："你怎么知道我不孝，我对父母可好了。"这是按照自己的标准来看什么是孝。

《弟子规》有四句话："父母呼，应勿缓；父母命，行勿懒。父母教，须敬听；父母责，须顺承。"很多人都没有做到这四句话，还认为自己是一个孝子。这说明教育并没有把道德规范、是非善恶美丑的标准，给大众广泛宣讲，使之家喻户晓。古代乡村妇女虽然少有读圣贤书，但是也知道忠孝节义，就是因为接触了社会教育，诗词、戏剧、小说等，无一不是道德教育的形式。

如果宣讲还不够，则"尚贤以劝之"，崇尚那些有德行的人，劝勉百姓向善，向他们学习。就像现在国家每年评选"感动中国"道德模范，这就是"尚贤以劝之"。不仅全国要评，每一个省、每一个市、每一个县都要开展这样的道德模范的评选。评选之后让大家向他们学习，广泛宣传他们的事迹。

"又不可，则废不能以惮之。"还是不行，怎么办？把那些不遵守道德规范的人给废黜、贬退，让人有畏惧之心。党在十八大之后颁布了"八项规定"，如果党员干部做不到，违背道德规范，就给予相应的处分。这就是"废不能以惮之"。

"若是，百姓正矣。"如果这些都能做到，百姓自然会端正。"其有邪民不从化者，然后待之以刑，则民咸知罪矣。"还有一些奸邪之徒顽固不化，最后才给予他们法律的制裁。这样，民众就能明礼而知耻，羞于犯罪。而且给他们法律的制裁不是为了惩罚，而是希望他们引以为戒。就像孩子不听话，打他一顿，并不是让他感到疼，而是让他吸取教训，下不为例。"是以威厉而不试，刑错而不用。"不需要严厉苛责的政令，刑罚也可以搁置不用。

"今世则不然，乱其教，繁其刑，使民迷惑而陷焉，又从而制之，故刑弥繁而盗不胜也。"孔子说，当今伦理道德教育混乱，民众不知道是非、善恶、美丑的标准，刑罚繁多，使人迷惑，不知不觉就犯了罪，结果又用法律来制裁。刑罚越来越多，盗窃抢劫等违法乱纪的却数不胜数。

孔子最后说："今世俗之陵迟久矣，虽有刑法，民能勿逾乎？""陵迟"是由盛转衰。社会的风气由盛转衰很久了，虽然有刑法，人们怎能不逾越？这说明社会伦理道德失教已久，人们把作恶当成习惯，习以为常。虽然设置了严苛的刑法，但是，人们仍然控制不了自己的习气而逾越刑法。

孔子的这段话是告诉大家：先要给民众教化，如果民众没有接受伦理道德教育，做了邪曲不正的事，应该给予宽恕。宽恕之后，还是要给予伦理道德教育，让他们知道做人的本分，知道是非、善恶、美丑的标准。

《诗》云："赫赫师尹，民具尔瞻。"《诗经·小雅·节南山》中说："威势显赫的尹氏太师，人民都在景慕和瞻仰着你。"可见，**教育要从孝道开始，上位者、教育者、家长要以身作则**。人是可以教得好的，一定要相信："人之初，性本善。性相近，习相远。苟不教，性乃迁。"

第七讲　敬重妻子，敬重自身

第七章《三才章》，孔子阐明了先王爱敬事亲，然后以德教加于百姓，正己化人，依据天地自然之道，顺着人情来教化百姓，教化就很容易推广，使人心向善，社会和睦。第八章讲述古圣先王用孝道治理天下，列在《三才章》之后，名曰《孝治章》。"治理"的"治"，古音读作"chí"。

【子曰："昔者明王之以孝治天下也，不敢遗小国之臣，而况于公、侯、伯、子、男乎？故得万国之欢心，以事其先王。治国者，不敢侮于鳏寡，而况于士民乎？故得百姓之欢心，以事其先君。治家者，不敢失于臣妾之心，而况于妻子乎？故得人之欢心，以事其亲。夫然，故生则亲安之，祭则鬼飨之。是以天下和平，灾害不生，祸乱不作。故明王之以孝治天下也如此。《诗》云：'有觉德行，四国顺之。'"】

这章分别讲述了古代明王如何以孝治天下，诸侯如何以孝治国，卿大夫如何以孝治家。不管治理的对象是谁，无论贫富贵贱，都能深得他们的拥戴和欢心，恭敬侍奉、祭祀其父母祖宗，从而达到天下和平，天灾人祸不生。

子曰："昔者明王之以孝治天下也，不敢遗小国之臣，而况于公、侯、伯、子、男乎？故得万国之欢心，以事其先王。""明王"，指圣明之王。圣人心里是明白的，把天下事看得很清楚，因为他已经把自己光明的本性开发出来，这样的圣人居于天子之位，称为"明王"。明王顺着天地自然之道和人的性情来治理国家，而孝是"天之经，地之义，民之行"，所以，圣明之王一定是以孝来治理天下。他把对父母的孝敬推而广之，以此来恭敬天下人，"不敢遗小国之臣"。

怎样做才是"不敢遗小国之臣"？夹注说："古者诸侯，岁遣大夫，聘问天子，天子待之以礼，此不遗小国之臣者也。"古代的诸侯每年派遣大夫朝见天子，天子以礼相待，即使对小国的使臣也如此，不敢遗漏，更何况是公、侯、伯、子、男？周朝所封的诸侯，按照次第从高到低，分为五等爵位。公、侯的土地方圆百里；伯的土地方圆七十里；子、男的土地方圆五十里。

夹注说："古者诸侯，五年一朝天子，天子使世子郊迎。刍禾百车，以客礼待之。"按照古礼的规定，大小诸侯国的国君每五年要来朝见天子一次，天子要派嫡长子在郊外迎接，载着草料和谷物百车，以客礼相待。"故得万国之欢心，以事其先王。"夹注说："诸侯五年一朝天子，各以其职来助祭宗庙，是得万国之欢心，事其先王也。""万国"不是定数，是极言其多。意思是，诸侯每五年一次朝见天子，各自奉上其地的物产来助祭宗庙，此谓得到万国的欢心，来奉祀天子的祖先。

孔子说："从前圣明的君王以孝道治理天下，不敢遗忘小国派来的使臣，更何况是自己分封的公、侯、伯、子、男？所以，能得到各国诸侯的欢心，纷纷来助祭天子的宗庙。"

"治国者，不敢侮于鳏寡，而况于士民乎？故得百姓之欢心，以事其先君。""治国者"，是指治理国家的诸侯。"侮"，忽视，怠慢。"士民"，指知晓礼义之士和为国效力之民。"先君"，指诸侯已逝的祖宗。诸侯连鳏夫、寡妇也不敢侮慢，更何况是明礼之士和为国效力之民？因此，能够得到百姓的欢心，恭敬助祭诸侯的祖先。对待鳏寡孤独等弱势群体，不仅不能侮慢，还要起到君、亲、师的责任，做到"爱民如子，视民如伤"，这样才能得到广大民众的欢心、信任、支持和拥戴。如《群书治要·六韬》所说:"善为国者,御民如父母之爱子,如兄之慈弟也,见之饥寒,则为之哀;见之劳苦,则为之悲。"

周文王向姜太公请教怎样治理国家,姜太公说:"善于治理国家的人,对待人民就像父母慈爱儿女,就像兄长慈爱弟弟一样,见到他们饥寒交迫会发自内心地感到哀伤;看到他们劳苦奔波,也会发自内心地感到悲愁,想方设法解决他们的困难。"之所以有这种态度,是因为圣明的君王知道祖宗创业维艰,作为后代子孙必须战战兢兢,用"以腐索御奔马"的态度,小心谨慎,才能守住来之不易的社稷江山,这才是对先君的孝。

古人这样形容国君治理国家的态度:就像用腐朽的绳索来驾驭烈马一样,稍有不慎,烈马脱缰就会招致危险。对待民众的态度是小心谨慎,不敢轻忽怠慢。如此才能得到民众的拥护。

"治家者,不敢失于臣妾之心,而况于妻子乎?故得人之欢心,以事其亲。""治家者"是指接受国家俸禄、奉养父母双亲的卿大夫。"妻子"指妻子和儿女。"妻子"属于一家之中的尊贵之人。治理家族的卿大夫,对待臣仆婢妾都不敢失礼,更何况是对待妻子儿女?所以,能得到众人的欢心来侍奉他的父母。由此可知,中国古人没有歧视妇女,反而对妻子非常敬重,把妻子称为家庭主妇。

《孔子家语》记载:"昔三代明王之必敬妻子也,盖有道焉。妻也者,亲之主也;子也者,亲之后也。敢不敬与?是故君子无不敬也。敬也者,敬身为大。身也者,亲之支也,敢不敬与?不敬其身,是伤其亲;伤其亲,是伤其本也;伤其本,则支从而亡。""亲之支也",指父母祖先的分支。《礼记》中"支"写作树枝的"枝"。这段话的意思是说,以往夏商周三代的圣明君主,必定尊重爱护妻子与儿女,这是有道理的。妻子是祭祀祖宗、照顾父母的主妇，儿子是祖先的后代，怎能不尊重？所以，君主对于妻儿没有不尊重的。谈到尊重，最重要的是尊重自己，自身是父母衍生的支脉，怎能不尊重？不自重就是伤害父母，伤害父母就伤害了根本；伤害了根本，枝干会随之枯亡。君主敬身、敬子、敬妻，是百姓效法的榜样。珍重自身，推及珍重百姓；亲爱儿女，推及亲爱百姓的儿女；尊重妻子，推及尊重百姓的妻子。做好这三件事，深远的教化才能推及天下。从这些论述可以看到，中华传统文化没有不敬妻子，更没有歧视妇女。

中国人讲夫义妇德，是按照天地自然之道提出来的。中国古人特别强调道，道就是一种自然而然、本来如此的状况和规律。按照自然规律来指导人生、治理社会，人生才能幸福，社会才能安定。

孔子说："天何言哉？四时行焉，百物生焉，天何言哉？"天没有说话，没有用语言的方式和大家交流，但是可以从四季的变化、万物的自然生长观察到规律的存在，例如春生夏长、秋收冬藏，种瓜得瓜、种豆得豆，这都是自然的规律。人也要按照天道来生产、生活。这种规律不以人的意志为转移，在古代适用，在今天依然适用，所以称之为天道。天就是自然而然的意思。自然而然的道渗透在生活的方方面面，但是，一般人没有注意观察，只有圣人观察到，记载于经典之中。

要提倡学习经典，"经者，常也"，经典所讲的是恒常不变的规律。学习传统文化，就可以做到"顺天者昌""得道者多助"。如何趋吉避凶？按照道去做，帮助你的人会越来越多；反之，违逆了道，帮助你的人就会越来越少，甚至连父母家人都会离你而去。

古人将这种自然而然的规律应用于处理人际关系，首先是夫妻关系，提出"男女有别"。"别"并不是地位上的差别，而是职责上有分工，男主外女主内，这是根据男女生理和心理的不同特点规定的。特别是在古代社会，创造经济收入、养家糊口主要由男子来承担，这就要求他不能见异思迁，而是要有恩义、有道义、有情义。女子承担着教育子女的重任，所以必须有良好的德行，言传身教，把儿女教导好，起到相夫教子的作用。

古代的圣王敬重妻子，因为妻子是"亲之主"也。她要负责祭祀祖先、孝敬公婆、助夫成德、和睦妯娌、教育子女，责任无比重大。所以古人说，娶一个好太太可以旺三代，而娶一个不好的太太可以败三代，这不是夸张。在古代，妻子不仅不会受歧视，而且会特别受尊重。因为她不图名、不图利，只是一心一意地帮助丈夫，成就丈夫的事业，把家庭照顾好，让丈夫无后顾之忧。对于妻子这样的德行和付出，这样的无私无求，丈夫怎能不感恩、不敬重？

中国人说"君子以厚德载物"，这句话出自《易经》："地势坤，君子以厚德载物。"女子要效法大地的德行。大地有什么德行？首先，它很安静、很平稳。"安"字很有味道，上面是一个宝盖头，古代读作"棉"，代表房屋的意思，下面是一个"女"字，意思是女子在家，家就会安定幸福。如果孩子回家找不到母亲，他的心会很空虚，可能会上网打游戏，因为他的心灵没有得到慰藉，没有寄托。女子还要效法大地的厚重、沉稳。厚德载物就体现在，把干净的东西扔给它，把肮脏的东西扔给它，它照单全收，毫无怨言。所以，《了凡四训》中说"地之秽者多生物"，越是污秽肮脏，越能长出很多植物，长得反而很茂盛。这说明一个女子越能忍辱负重，家庭幸福越能有所保证。正是因为她对家庭有这样的贡献，她有这样的品质，所以受到丈夫的敬重。丈夫也有恩义、有道义、有情义，不会对妻子的付出无动于衷。

如何敬重妻子？做丈夫的要有丈夫之道，"领妻而不管妻"，把妻子领在为人处世的大道之上，而不是事事去管她。俗话说"管人是地狱"，你去管她，她不服你的管教，甚至还产生逆反心理。要"领妻"，丈夫要走在做人的正道之上，要立住"三刚"：性刚无脾气，心刚无私欲，身刚无嗜好。

"性刚无脾气"是指性情刚正，并不是说脾气很大，脾气很大的人被称为"暴夫"，懦弱、软弱的人被称为"懦夫"。丈夫的"刚"正恰恰体现在能克制脾气，不随意发怒。如果丈夫脾气不好，身边的妻子儿女会很有压力，精神紧绷，战战兢兢，感到恐惧不安，不知道什么时候，他就会因为一点芝麻大的小事大发雷霆。

"心刚无私欲"，不能娶了媳妇忘了娘，偏爱妻子儿女而薄待父母，这是没有走在做人的正道上。当然，在这方面，妻子一定要支持丈夫孝顺父母，助夫成德，因为百善孝为先，孝子才有恩义、有道义、有情义。如果他不孝父母，见利忘义，忘恩负义，也可能喜新厌旧。

"身刚无嗜好"是指做男子的要修身。首先，要把自己的不良嗜好去掉。修身修得很好，又能创造经济收入，家庭生活有保障，还有恩义、有道义、有情义，妻子自然佩服，愿意听从丈夫的教导。"教"，身教胜于言教。

做丈夫的敬重妻子，体现在对妻子很体贴，对妻子的付出很感恩，还要让妻子有安全感，生活很踏实、很幸福。"执子之手，与子偕老"，讲的就是敬妻。

此外，还要"敬子"。因为孩子是"亲之后"，是祖宗、父母的后代。敬子并不是像现代人一样，孩子要什么就满足什么，这叫满足孩子的欲望。有人说，很多人生活得很颠倒，古人孝顺父母叫孝子，而现在孝顺儿子、孝顺孙子叫孝子。更有人说，有了儿子自己就成了儿子，有了孙子自己就成了孙子，完全颠倒。这些话听起来很讽刺，但是已经成为当今社会活生生的现实。

敬子，什么是真正地爱护孩子？是把祖宗的德行、品质、精神、风范，以及他们的人生经验、创业的教训传达给后代子孙，让好的家风代代相传，这才是真正的敬子。

古人总结出很多教子的格言，例如："孝悌为传家之本，勤俭为持家之本，谨慎为保家之本，和顺为齐家之本，诗书为起家之本。"现代人如果多读一读这些圣贤教诲，在教子方面会少走很多弯路。

"孝悌为传家之本。"现在的孩子为什么被惯成"小公主""小皇帝"？其实是因为家长爱之不以道，"爱之不以道，适足以害之也"。哪个父母不爱自己的儿女？但是，没有用正确的方法引导他，反而一味地满足他的欲望，这恰恰是害了孩子。溺爱的"溺"字很有味道，一个"氵"加一个"弱"字，什么叫"溺爱"？就是父母把孩子的能力、身体都爱得很弱，肩不能担，手不能提，上学的书包还由保姆、爸妈代劳，没有任何承受挫折的能力，没有自理能力，心理健康也会出现问题。

《孟子》说："天将降大任于斯人也，必先苦其心志，劳其筋骨，饿其体肤，空乏其身，增益其所不能。"也就是说，要让成大才的人得到各种各样的锻炼，让他的身体得到锻炼，心智得到磨炼，让他面对什么样的环境都能泰然处之，做到泰山崩于前而不变色。但现在的孩子被父母娇惯溺爱，结果是身体很弱，自理能力很弱，承受挫折的能力也很弱，这就叫"爱之不以道，适足以害之也"。

"勤俭为持家之本。"从小要让孩子养成勤俭的习惯，古人说："成由勤俭败由奢。"曾国藩说:"家败,离不开一个奢字;人败,离不开一个逸字;讨人厌,离不开一个骄字。"一个家庭再有钱,也抵不住败家子的败坏,因为败家子不单要吃好的穿好的,享受奢华,还有很多不良嗜好,再多家产他也能在短时间内败散掉。

司马光说:"遗金于子孙,子孙未必能守。"现在很多人辛辛苦苦挣钱攒钱,自己舍不得花,目的就是给后代子孙留下一点家产。但是古人提醒说:"如果你的儿孙有德行、有能力,他会用自己的德能创造财富,你留钱给他没什么必要。如果你的儿孙又没有德行,又没有能力,你把钱留给他,他迟早都会败散掉,你留钱给他又有什么意义?"

"遗书于子孙,子孙未必能读。"读了圣贤书,觉得圣贤书真是好,字字珠玑,给人生很多启发。"学而时习之,不亦说乎?"读圣贤书,一种喜悦会油然而生。可惜,现在很多孩子福报不够,放着圣贤书不去读,却喜欢看微博、刷抖音,还喜欢打游戏等,结果大好的青春时光白白地耗费。很多家庭孩子教育不好,夫妻不能和睦相处,当领导干部的本来可以平步青云,却突然锒铛入狱……归根结底,都是没有读圣贤书所致。

要改变这些状况,其实还是有办法的,"不如积阴德于冥冥之中,以为子孙长久之计"。那就是积功累德、断恶修善,给儿孙做好榜样。最好做了好事不要到处宣传,因为一宣传,别人就会赞叹你,你就得了名,名也是福的一种。要积阴德,做了好事不宣传,德行才越积越厚,可以庇荫子孙。当然,最重要的还是让儿孙读圣贤书。

"家败,离不开一个奢字;人败,离不开一个逸字。"一个人一直努力地在走上坡路,当他认为自己奋斗得差不多,该享受人生、享受生活了,于是安逸下来。这时,人生的转折点就出现了,由盛转衰。

"讨人厌，离不开一个骄字。"《论语》有句话大家耳熟能详："四海之内皆兄弟也。"但是现在，年轻人已经很少有这个感受，反而是不管走到哪里，和人相处不到一个月甚至一个星期，不是自己不喜欢别人了，就是别人不喜欢自己。原因就在于忘记了古圣先贤的教导："君子敬而无失，与人恭而有礼，四海之内皆兄弟也。"君子对每个人都很恭敬，为人处世，待人接物，处处看到对方的需要，对每个人都彬彬有礼。他走到哪里，都有自己的兄弟姐妹。

现在的孩子在家里是"小公主""小皇帝"，已经养成以自我为中心的习惯，父母、爷爷奶奶都围绕着他的要求在转。当众多的"小公主""小皇帝"走到一起，不出现矛盾、冲突、问题是不可能的。别人不喜欢自己，原因很简单，就是以自我为中心，自以为是，有傲慢心。这是讲"讨人厌，离不开一个骄字"。

"谨慎为保家之本。"虽然家里很富裕，地位很高贵，但为人处世还是要恭敬谨慎，才能长久保持富贵。《孝经》讲："在上不骄，高而不危；制节谨度，满而不溢。高而不危，所以长守贵也；满而不溢，所以长守富也。"这段话提醒大家：虽然身居高位，但是没有骄慢的表现，就不会有倾覆的危险；虽然很富裕，但是用度节俭，谨守法度，一言一行很谨慎，都符合礼法的要求，就不会有入不敷出的危险。而现在很多富贵人家所作所为却和经典教诲恰恰相反，还出现了富二代、官二代，富三代、官三代的问题，原因是教育出现问题，没有学习圣贤经典。

"和顺为齐家之本。"家和万事兴，一个家族能不能兴旺发达，就看家族里的人团不团结，能不能和睦相处。同样，一个企业能不能兴盛，也看企业里的人能不能团结互助。同学之间也是如此，若能互相赞叹、和睦相处、团结互助，这就是尊重老师，因为这是真正地依教奉行。"兄道友，弟道恭；兄弟睦，孝在中。"对同学搬弄是非，恶口两舌，过恶很大，因为不孝不敬，还破坏了人与人之间的和睦。一个人有没有孝敬之心，通过他和兄弟姐妹之间相处是否和睦、是否随喜赞叹就可以看出来。

"诗书为起家之本。"古人有句话说："万般皆下品，唯有读书高。"这句话在古代没有问题，因为古人所读之书是圣贤书，但是现在这样说就会产生一些流弊，因为现在的书并不都是圣贤书。很多人没有读圣贤书，学习很多知识技能，但是学得越多，反而越傲慢，越不能孝顺父母、尊敬老师，越偏离了道。

古人说："三日不读书，面目可憎。"古人所读之书是圣贤书，教导人如何处理人伦关系，如何顺应天道自然规律来生产生活。在古代，读书人特别受尊重，因为他读书明理，理得心安，自己可以坦荡荡，活得无忧无虑，上不怨天，下不尤人，还能以自己所学之道来帮助他人、成就他人。

古人的教诲，对于现代人如何教育儿女是非常重要的提醒。"敬子"是以良好的教诲来引导孩子，而不是一味地满足儿女的欲望。古人说，"惯子如杀子""养子不教如养驴，养女不教如养猪"。养儿子如果没有给他良好的教导，他长大后就会有一副驴脾气。驴的脾气很怪，也很烈，驴脾气的人顶撞父母，有的甚至还打爹骂娘，没有丝毫感恩之心。与其有这样的儿子，还不如没有。养女儿如果只知道吃穿享受，不知道尽自己的本分，到了婆家不知道孝敬公婆，不知道助夫成德，甚至连儿女都不愿意教育，自己的责任没有尽到，不是像养猪一样？

中国古人特别重视对继承人的培养。所谓"不孝有三，无后为大","无后"不是指没有儿子，而是指没有可以承传家道、家业、家风、家教的圣贤子孙。

《汉书》中有这样一段话，可以体会到古人对继承人的培养看得多么重要。"夏为天子，十有余世。殷为天子，二十余世。周为天子，三十余世。秦为天子，二世而亡。人性不甚相远也，何三代之君有道之长，而秦无道之暴也？其故可知也。"意思是，夏朝的天子传承了十几世，殷朝的天子传承了二十多世，周朝的天子传承了三十多世，到了秦朝，天子传承了二世就灭亡。人性本来相差不大，为什么夏商周三代的君主有道而能长久，秦朝的君主无道而突然灭亡？其中的缘故可想而知，那就是教育继承人的方式不一样，对继承人的教育重视程度不一样。

古人是怎样教育继承人的？古代的君王，在太子出生之前就很重视胎教，太子出生之后更要用礼来引导：让成年男子背着他，有专门负责礼的官员穿好端服、戴好礼帽，带着他拜天，行祭天之礼。之所以要行祭天之礼，是培养太子的敬畏之心、恭敬之心。当路过宫门时，要把太子从背上放下来，因为这里是君主处理朝政的地方，以示恭敬；当路过宗庙时，宗庙里供奉的是祖先的牌位，是祭祀祖先的地方，更要小步快行，以此表示恭敬。这是孝子应有的行为。

中国古人都有恭敬心，恭敬心是在生活的点点滴滴中通过礼培养出来的。一言一行、一举一动都表达了恭敬、感恩和畏惧之心。像《弟子规》所说的，"或饮食，或坐走，长者先，幼者后"。很多人说这是形式主义，现在的孩子学习压力大，孩子先坐、先吃也不是不可以。殊不知，小的礼节是让孩子在生活中培养起感恩之心。因为父母、爷爷奶奶忙了一天，又是做饭，又是洗衣服，又是收拾屋子，作为晚辈，对这个家庭的付出和贡献最少，怎么有资格先动筷子？所以，要从小的礼节上培养孩子的恭敬之心和感恩之心。

孩子的恭敬心，不是一下子就长养出来的，而是需要从生活的礼仪之中教化而成。所以，中国古人从婴孩就开始教导。例如，周成王尚在襁褓中，召公做他的太保，周公做他的太傅，太公（姜太公）做他的太师。这都是有道德学问的人，来担任太子的老师。太保的责任是保护太子的身体，让他的饮食起居符合自然规律，讲究养生之道，还要让他的言行中规中矩，很有威仪。太傅的责任是教导太子道德仁义，培养高尚的道德品质。太师的责任是向太子进行各种训诲和教育引导，教导太子治国平天下的道理。这是"三公"的职责。除此之外，还为成王设置了"三少"，即少保、少傅、少师。他们平常和太子生活在一起，负责把太师、太傅、太保教导太子的道理落实在生活中，让太子看到、学到。太子在孩提时，"三公""三少"就为他讲明孝、仁、礼、义的道理，引导太子把这些落实在日常生活中，远离恶人，不让太子看到丑恶的行为。除此之外，还要挑选天下品行端正的人，比如孝敬父母、友爱兄弟、博学多闻、传道有方的人来辅佐、保护太子，和太子生活在一起。"故太子乃生而见正事，闻正言，行正道，左右前后皆正人。"这样做的结果是，太子一出生所看到的都是正事，所听到的都是正言，所走的都是正道，前后左右都是正人君子。平日太子已经习惯和正派的人在一起，行为会很端正，犹如一个人生长在楚国，不可能不会讲楚国的方言。

孔子说，少年时养成的品德如同天性，养成习惯如同本来具有的一样自然而然。这就是"少成若天性，习惯如自然"。由此可知，古代的君主是多么重视对继承人的教育和培养。

一般的家庭虽然不像君主这样设置"三公""三少",但是也非常重视对儿女的教导。相对而言,现代社会出现了富不过三代、富不过两代,甚至富不过一代的现象,有钱人被称为"土豪",就是缺少传统文化礼义道德的教育,缺少良好的家庭教育、伦理道德教育所致。

敬,最重要的是敬身,就是敬重、尊重自身。《弟子规》说"身有伤,贻亲忧",身体有损伤,会让父母家人担忧,所以,首先要保重身体,让父母家人放心。无私无求、最关心我们的就是父母家人,尽管有些父母管教儿女的方式可能很极端,但都是出于对儿女的爱心。这一点深刻体会到,才能消除很多误解,不和父母对立。当儿女不和父母起对立,能以一颗善心去和人交往的时候,这种不和任何人起对立的习惯才能养成。对人怀疑,对人不信任,根源是对父母怀疑、对父母不信任。

古人讲,化解矛盾靠的是真诚之心,而不是对立和逆反。用对立和逆反的方式,只有冤冤相报,没完没了,彼此都痛苦。特别是当一个人和自己最亲近的父母有对立、有情绪的时候,痛苦是最深的。本来父母和儿女的心是相通的、一体的,但是,现在有了障碍、隔阂、误解,谁都不会高兴。

学习传统文化才感受到,人与人之间是可以通过感化、交流化解很多矛盾的,并不是对立、冲突的关系。做儿女的如果能深刻体会父母的存心,就能理解他们的一些哪怕是极端的做法,进而感化父母、化解矛盾。

敬重自身,除了身体要注重保养、注重健康之外,更重要的是提升德行,让父母放心。《弟子规》说"德有伤,贻亲羞",如果修身不够,为人处世、待人接物就会有很多问题,走到哪里都有障碍,会让

第七讲 敬重妻子,敬重自身 | 103

父母很担心。一个真正能让父母放心的人，几乎就是一个完美的人。所以，古人说"求忠臣于孝子之门"。

"求忠臣于孝子之门"，是因为孝子时刻不忘记父母，一言一行、一举一动都希望让父母更受尊重，而不是让父母蒙羞，这样自然就能克制很多欲望，拒绝很多无理要求。一个真正孝敬父母的人，最害怕别人说的一句话是："你这个人很没有教养！"因为这句话不仅骂了自己，还辱没了父母。所以，自己在德行上没有亏欠，"立身行道，扬名于后世，以显父母，孝之终也"，尽孝才得圆满。

对于一国之君而言，敬重自身，就要求修养自身，使自己的事业代代相传。鲁哀公问孔子："请问什么是敬重自身？"孔子回答："国君发表错误的言论，民众就会起而效法；国君做错误的事情，民众也会起而效法。国君的言论不可超越政令，行动不可逾越规范。言行不超越政令规范，老百姓就会恭敬地听从命令。如果做到这样，就可以称得上敬重自身。敬重自身，就能成就双亲的名声。"

鲁哀公很好学，他接着问："什么是成就双亲的名声？"孔子回答说："所谓君子，就是成就名声的人。敬重自身的人，百姓送给他一个称号，把他称为'君之子'，就是君子的儿子。这样能使双亲得到荣显，使双亲成为君子，这就是成就双亲的名声。"孔子接着说："如果治理政事而不能爱护民众，就不能成就自身。不能成就自身，就不能安稳地拥有自己的国家。不能安稳地拥有自己的国家，就不能乐行天道。不能乐行天道，就不能成就自身。"

鲁哀公说："请问什么是成就自身？"孔子回答说："使自己无过错于天下，称之为成就自身。""无过错于天下"就是言行思想符合天道，君主能做到这一点，就是成就自身。

由此可知，成为一个好君主，敬重自身，不是一件容易的事。必须好学，因为"人不学，不知道""人不学，不知义"。学什么非常重要，只有认真学习圣贤经典，才能保证自己的言行符合天道，不至于以盲引盲。

一个人只有自爱才能爱人，自尊才能尊人。一个人懂得敬爱自己的儿子，才知道敬爱天下人的儿子。因为只有疼爱自己的儿子，才知道天下的儿子都是父母所生，他们的父母和自己一样，也有疼爱儿子的心，也是非常不容易。这样才能以仁爱之心爱护天下的百姓。敬爱自己的妻子，才能敬爱他人的妻子。敬爱就是以礼相待，不希望自己的妻子被别人欺负，自己也不能欺负别人的妻子。这种推己及人的做法，才能使自己的心量拓开，做到"己所不欲，勿施于人"。

一个人要做到"己所不欲，勿施于人"，必须真正明了因果规律。自己不想做的事，却让别人去做，因果也会返回到自己身上。这是孔子讲治家的卿大夫、治国的国君，如果以正确的方式去敬爱妻子、儿女，乃至臣下奴婢，就能得到众人的欢心爱戴。

"夫然，故生则亲安之，祭则鬼飨之。""夫"是发语词，没有实在意义。"然"是如此、这样的意思。"生"是指父母健在的时候。"安"是舒适安乐。父母在世时，努力使父母快乐心安，这就是"生，事之以礼"。"祭则鬼飨之"，"飨"通享用的"享"，是指鬼神享用祭品。父母过世，祭祀父母的时候，要努力做到严肃恭敬。这句话的意思是：父母在世的时候能身心安稳，死后成为鬼神，也能享受子孙的祭祀。这就是"生，事之以礼；死，葬之以礼，祭之以礼"。

"是以天下和平，灾害不生，祸乱不作。故明王之以孝治天下也如此。"因为上级和下级之间没有怨恨，所以天下太平。"灾害不生"，夹注说:"风雨顺时,百谷成熟。"这里的灾害主要是指天灾。人心善良,风调雨顺,各种谷物得以成熟,这是境随心转的结果。"祸乱不作","祸乱"是指人祸。夹注说:"君惠臣忠,父慈子孝,是以祸乱无缘得起也。"君主乐于施惠,臣下忠诚尽职,父亲慈爱,子孙孝顺,祸乱没有缘故得以出现。"故明王之以孝治天下也如此",圣明的君王以孝道治理天下,就会有这样的效果。夹注说:"故上明王所以灾害不生、祸乱不作,以其孝治天下,故致于此。"

"《诗》云:'有觉德行,四国顺之。'""觉"是大的意思。《诗》是指《诗经·大雅·抑》篇。这里引用《诗经》的一句话:"天子有伟大的德行,四方的国家都来归顺。"这是"得道者多助""顺天者昌"。中国人自古提倡"王天下",提倡王道政治,而不是"霸天下"的传统。"王天下"是把自己的国家治理好,五伦关系处理得井井有条,别的国家看了心生向往,愿意来学习仿效。"王天下"就是给大家做好的榜样。

很多人认识不到这一点,《淮南子》记载:"今谓强者胜,则度地计众;富者利,则量粟称金。若此,则千乘之君无不霸王,万乘之国无破亡者矣。国之亡也,大不足恃;道之行也,小不可轻。由此观之,存在得道,而不在于大;亡在失道,而不在于小也。"

意思是说,现在有人认为只要强大就可以制胜,于是便丈量本国的地域,计量本国的人口;认为只要富有,国事就顺利,所以热衷于计量储存的粮食,称量金银。如果真是这样,有千辆马车的君主无不可以称霸诸侯;有万辆马车的大国,便永远不会灭亡。事实上,一个国家将亡,再大也是靠不住的;如果道义畅行,国家虽小,也不能轻视。由此看来,国家得以存在,是因为有道,而不在于其大;国家所以灭亡,是因为失道,而不在于其小。

讲王道就是主张仁义道德，讲霸道就是主张功利强权。当前世界危机四伏，汤因比等有识之士认为，要拯救今天的灾难，唯有从中华传统文化中寻找答案。汤因比是一位著名的历史哲学家，专门从文化的角度研究历史。他研究了各个国家的文明发展史，最后得出结论：能真正解决 21 世纪社会问题的，唯有中国的传统文化。从根本上讲，就是放弃霸道文化，施行王道文化。

《群书治要》，正是以王道治国为纲领。中国人读《群书治要》，可以真正树立坚定的文化自信。外国人读《群书治要》，可以深入理解中国的王道政治，更容易放下成见，避免"以小人之心度君子之腹"的现象，这样，他们才能真正相信中国构建人类命运共同体的诚意是出自中国"爱好和平，追求和谐"的文化传统，为建设合作共赢的世界新秩序而携手努力。

第八讲　敬重父亲的最高境界

在第八章《孝治章》，曾子明白了明王以孝治天下，可以达到灾害不生、祸乱不作、天下和平，明白孝的伟大。这引发了曾子进一步提问，即圣人之德是不是还有比孝更伟大、更高的？第九章《孝经·圣治章》是孔子因曾子之问，说明即使圣人之德也没有比孝更大的，孝是德之本。圣人通过力行孝道、推广孝道达到治理的圆满。

【曾子曰："敢问圣人之德，无以加于孝乎？"子曰："天地之性，人为贵。人之行，莫大于孝。孝莫大于严父。严父莫大于配天，则周公其人也。昔者周公郊祀后稷以配天，宗祀文王于明堂以配上帝。是以四海之内，各以其职来祭。夫圣人之德，又何以加于孝乎？圣人因严以教敬，因亲以教爱。圣人之教不肃而成，其政不严而治，其所因者本也。"】

曾子曰："敢问圣人之德，无以加于孝乎？""敢问"是请问，这是曾子以恭敬的态度来请教孔子，体现了学生尊师重道的行持。所谓"一分诚敬得一分利益，十分诚敬得十分利益"，学生对老师唯有恭敬之心，才能领纳圣贤教诲。**圣贤教诲是心法，不是知识，唯有诚敬之心才能感通，必须用真心才能契入。** 如果学生没有恭敬之心，连传统文化的皮毛都学不到。

恭敬心的重要性，可以从历史上的一个典故得知。莲池大师年轻时听说遍融禅师很有智慧，为了求见遍融禅师，他三步一叩首，走了很远的路。见到遍融禅师后，他问："学佛怎样才能更好地契入？"遍融禅师回答道："年轻人要把名闻利养都放下，这个东西害死人，千万不要被名闻利养所迷惑。"这句话听起来很普通，没有什么特别的，在莲池大师看来却非常恳切，他的求法之心也非常真诚，所以就像当头棒喝一样，终身受益。莲池大师后来的成就，就是得益于遍融禅师这句话。每当名闻利养现前，莲池大师心里就能提起这句教诲，想起遍融禅师的警告。

同是一位老师，但是学生的受益程度不同，进步的快慢也不一样，除了资质、根性有差别之外，一个重要原因就是学生的恭敬心不同。《礼记》开篇《曲礼》第一句话就说"毋不敬"，"毋"是没有，没有什么时候是不保持这种恭敬心的，时刻都要保持这种恭敬的态度。

《中庸》讲："道也者，不可须臾离也。"一旦诚敬心不见，当下这颗心就不在修道的状态，而是随顺习气跑了。所以，**人要时刻保持恭敬之心，圣贤的学问就在于"主敬存诚"。越保持诚敬的程度，提升越快，这是真正的修养。**一个人道德学问有没有提升，有没有增长和进步，就看他的诚敬心是不是越来越强烈。

在现实生活中，提升自己的恭敬心要落实在每一个细节。例如，读圣贤书的时候，就如同面对圣贤，要非常恭敬。听课的时候，要把心沉静下来，把诚敬心提起来，不能胡思乱想。心不恭敬、不诚敬，大部分都是应付了事。面对事情没有真诚恭敬，为的是完成任务而已，心就不在正道上了，这时的心是烦恼傲慢当道，也就很难提升。

《弟子规》全篇就讲了一个"敬"字，告诉大家从敬父母、敬兄弟，到敬事、敬物。落实《弟子规》，其实就是在日常生活中时刻提醒自己，要保持恭敬心。正是因为对老师有恭敬心，所以曾子生性鲁钝，也成为儒门"宗圣"，并且深得老师认可。

"敢问圣人之德，无以加于孝乎？""加"是过的意思。曾子说："请问老师，圣人的品德，就没有比孝更大的吗？"子曰："天地之性，人为贵。""性"是"生"的意思。天地所生的万物，以人最为尊贵。夹注讲"贵其异于万物也"，人之所以尊贵，就在于和万物不同。《礼记·礼运》讲："人者……五行之秀气也。"《尚书》讲："惟天地万物父母，惟人万物之灵。"说明人是五行之秀气，天地是万物的父母，而人是万物之灵。古人把"人""天""地"并称为"三才"，就是因为人能认识道、体悟道，可以赞天地之化育。人能顺应天道，协助并参与化育万物的过程。

作为万物之灵，人和万物不同之处就在于，人能认识道、顺应道去生产生活。如果不认识道、不顺应道去生产生活，就会为了一己私利，没有节制地向自然索取，胡作妄为，对自然资源进行掠夺式的开发利用，使得自然生态遭到破坏。这样的人就称不上万物之灵，而是万物之害。

所以，孔子说天地所生的万物，最尊贵的是人。人之所以可贵，是因为不同于万物。人不仅可以赞天地之化育，与天地并列为"三才"，还有最明显的不同之处在于人有道德，讲礼义，懂得孝悌忠信礼义廉耻。孟子说："饱食、煖衣、逸居而无教，则近于禽兽。"如果人吃饱饭，穿暖衣服，有好房子住，过上安逸的生活，但是没有伦理道德的教育，就会堕落得离禽兽不远。

《礼记》讲："鹦鹉能言，不离飞鸟；猩猩能言，不离禽兽。今人而无礼，虽能言，不亦禽兽之心乎？"这都是强调，人和禽兽之所以区别开来，是因为人懂得礼义，知道用礼和义来节度自己不合适的欲望和行为，才免于堕落为禽兽。

"人之行，莫大于孝。""行"的古今读音有一些变化。古音读作hèng，后来又读xìng，都是读去声，现代人读阳平xíng。意思是人的德行没有比孝更大的。古人经常讲"百行孝为先""百善孝为先",人的品行最基本的就是孝悌忠信礼义廉耻这八德,展开来还有很多品德,但都是以孝为先、以孝为本。正如《孝经》第一章《开宗明义章》所讲:"夫孝,德之本也,教之所由生也。"因为孝是道德的根本,没有什么能超过它。所以,想成就圣人,也要从孝开始学,这是把握根本。

"孝莫大于严父。" "严"是尊敬的意思,行孝没有比尊敬父亲更大的。《易经》六十四卦,第一卦是乾卦。乾卦讲的是,天地间的万物都由乾而始,所以说"大哉乾元,万物资始"。天地间的万物都是由天生出来的。人在五伦关系中生活,人无伦外之人,而五伦关系是以父子之伦为起始,所以,父亲就成为人类的乾。对人类而言,父亲像天一样能生万物,所以,要像尊敬天一样尊敬父亲。那些打爹骂娘、不孝父母的人,是伤天害理,亏了天道。

如何尊敬父亲达到极致?**"严父莫大于配天,则周公其人也。"** 尊敬父亲没有比请父亲配祭于天更大的,这是从周公开始的。根据邢昺疏,《礼记》记载,虞舜时期崇尚道德,还没有在郊外祭天的传统。到了夏朝和殷朝,开始有了在郊外祀天之礼,但是,那时还没有以父亲配同上天享祭之礼。以父配天之礼是由圣人周公首先推行的。配天就是在祭天的时候,请父亲的神明来陪祭。就像家里请客,如果请最尊贵的客人,主人就要出来陪同、接待。周公请谁来接待?请已经去世的文王,请文王的神灵来陪同、接待。意思是尊敬父亲,尊敬到最高的程度。《史记·鲁周公世家》记载:"周公,旦者,周武王弟也,自文王在时,旦为子孝,笃仁,异于群子。"周公,名旦,是武王的弟弟。文王在世时,旦作为儿子就仁厚孝敬,与其他儿子不同。武王驾崩后,周公摄政代理天子,尽心辅佐成王(武王年幼的儿子),而没有丝毫觊

第八讲 敬重父亲的最高境界 | 111

觊之心。他一心帮助成王管理朝政，成王长大后，又把政权交还给成王，为后人演绎了圣德，这是普通人做不到的。因为稍有一点名利之心，对天子之位都会起贪心。夹注说，尊敬自己的父亲，没有比配祀天地更隆重的。父亲活着的时候，以亲爱、尊敬的心侍奉；父亲去世，使之成为百神之主。

尊敬自己的父亲，使其配祀于天地，是从周公开始的。那么，周公具体是怎么做的？"昔者周公郊祀后稷以配天"。根据唐玄宗的注解："郊谓圜丘祀天也。周公摄政，因行郊天之际，乃尊始祖以配之也。""郊"是祭天的礼仪名称，是在京城的南郊之外建一个圜丘用来祭天。周公摄政代理天子之时，要行郊天之礼，尊崇始祖后稷在郊外配祭上天。

根据《史记·周本纪》，后稷的母亲是帝喾的元妃，元妃就是天子的嫡妻。她姓姜，叫姜嫄。姜嫄在野外看到一个巨人的脚印，心生欢喜，于是就踏了上去。结果，身一动就怀了孕，后来生下后稷。姜嫄觉得踩上巨人的脚印就怀了孕，生下的儿子不是祥瑞之事，就把儿子丢到外边的巷子里。结果牛马走到巷子里，看到小婴儿都不会踩上去，而是绕开他。姜嫄又把儿子扔到树林里，可是树林里有很多人，不是很方便。她又把儿子丢到冰面上，没想到飞来很多小鸟，用翅膀把小孩给盖起来，免得他受冻。姜嫄看到种种奇妙的情形，才觉得这个孩子非同凡响，于是又把儿子抱回来，给他取名叫"弃"，是弃儿的意思。

弃小时候就喜欢种菽麻之类的东西，长大后又非常喜欢做农夫耕种的事情。因为他有这方面的特长，尧帝就请他去做农夫的老师，也就是农师，教导农人从事耕作。到了舜的时候，弃还一直在做农师，后来被舜封在邰这个地方。因为他的官名叫稷，所以被尊称为后稷。

后稷是周王室的始祖，从后稷传到十五世，就是王季。王季生了文王，文王又生了武王、周公等。周公摄政期间，行郊天之礼时，以始祖后稷来配天。所谓配天，就是在祭天的时候请天子的祖宗陪天神接受祭祀。因为天神是外来的，外来的神要有主人陪伴。

《礼记·郊特牲》讲："郊之祭也，迎长日之至也，大报天而主日也。兆于南郊，就阳位也。"这是讲冬至之后的"日"，白天会渐渐变长，所以举行郊祭之礼来迎接并报答天日的生养之恩。郊外祭天之礼是在都城的南郊建立圜丘来举行。再看北京的天坛，也是在南城。坛的前面有一个圜丘，就是举行祭天之礼的地方。

"宗祀文王于明堂以配上帝。""文王"是周公的父亲，"明堂"是天子发布政令的场所。"上帝"是天的另一个名称。根据郑玄的注解："明堂居国之南，南是明阳之地，故曰明堂。"明堂居于国家的南方，南方是明阳之地，因此称为明堂。唐玄宗注："明堂，天子布政之宫也。周公因祀五方上帝于明堂，乃尊文王以配之也。"明堂之中，除了天子上朝议政的宫殿，还有教育的学校，以及祭祀的建筑群。周公在明堂祭祀五方上帝的时候，以他的父亲文王来配祭，就是以文王作为接待上帝的主人，和五方上帝一同接受天子的祭祀。宗祀是在宗庙里面祭祀，不单祭祀祖宗，还祭祀上帝。周公借着祭祀上帝，请父亲文王来配祭，算是宗祀。

根据邢昺疏："礼无二尊。"既然以始祖后稷配同郊祀上天，就不能以自己的父亲文王配同郊祀，于是在明堂祭祀五帝，以文王配同祭祀。"五帝"是五方上帝。这是周公尊严其父，配天享祭之意，表明文王有尊祖之礼。这就是"严父莫大于配天"的具体做法。

"是以四海之内，各以其职来祭。"周公这样尊敬父亲、尊重始祖，尽到孝道，感得天下各国诸侯各修其职，带着各方物产前来助祭。根据邢昺疏："谓四海之内，六服诸侯，各修其职，贡方物也。"

以距离天子的京城远近为标准，各国诸侯分为六等。周天子的京畿是京都，方圆一千里。距离周天子的京城五百里之内的称为侯服。再往外推五百里又是一等，叫甸服。这样往外推，一共有六等，叫六服诸侯。由近及远分别是侯服、甸服、男服、采服、卫服、要服。要服也称蛮服。各地物产不同，这些诸侯就根据其职贡的规定供给物产给周天子做祭品。《周礼·秋官·大行人》记载："邦畿方千里，其外方五百里，谓之侯服，岁壹见，其贡祀物。又其外方五百里，谓之甸服，二岁壹见，其贡嫔物。又其外方五百里，谓之男服，三岁壹见，其贡器物。又其外方五百里，谓之采服，四岁壹见，其贡服物。又其外方五百里，谓之卫服，五岁壹见，其贡材物。又其外方五百里，谓之要服，六岁壹见，其贡货物。"

六服诸侯所进贡的物品不一样，朝见的频率也不同，在礼上都有规定。例如，侯服，一年进贡一次，进贡的是祀物。注云："牺牲之属。"进贡的是供祭祀用的牛羊等牺牲。甸服，每两年进贡一次，进贡的是嫔物。注云："丝席也，嫔物。"嫔是妇人妃嫔所生产的丝麻用品。男服，每三年进贡一次，进贡的是器物。注云："尊彝之属。"进贡的是尊、彝之类的祭器。采服，每四年进贡一次，进贡的是服物。注云："玄纩也。"玄是黑色或浅红色的布帛，纩是葛布和丝绵之类，都是用来做祭祀的服装。卫服，每五年进贡一次，进贡的是材物。注云："八材也。"珠、玉、石、木、金属、象牙、皮革、羽毛等八种供制作器物的材料。要服，每六年进贡一次，进贡的是货物。注云："龟贝也。"是龟甲和贝壳之类的货物。龟甲和贝壳在古代也用作货币，所以称为货物。这是六服诸侯带着本国特产前来陪同、协助周天子祭祀。

可见，古代的天子以身作则，对于自己的父亲乃至始祖都尽到孝道。天子这样知恩报恩、饮水思源，不忘根本，也感得天下各国诸侯纷纷带着贡品前来助祭。夹注讲：周公行孝于朝堂之上，越裳国通过重重译使前来进贡。这就说明其得到了万国的欢心。前来进贡助祭的过程，也让天下各国诸侯从周天子这里学到了如何尽孝，回国后也在自己的国家各尽孝道、推行孝道，这就是"王天下"。"王天下"就是自己作出以孝治天下的榜样，感得各国前来学习观摩。各国诸侯来到周天子所治理的京城，看到人人都互相谦让、孝敬父母、友爱兄弟，人与人之间相处彬彬有礼，生起羡慕效法之心，也效法周天子以孝治国。

如果人人都有孝敬之心，家家都能孝养父母、友爱兄弟、和睦相处，整个天下也会归于太平。由此可知，世界冲突的根源在家庭，在于家庭中父子、兄弟、夫妇之间的冲突。一个人在家里和父母、兄弟起冲突，走上社会，就会和陌生人起冲突。为人处世的行为方式、思想观念，都是在家庭中培养起来的。所以说："**夫圣人之德，又何以加于孝乎？**"圣人的德行哪有比孝道更大的？圣人是指居于天子之位的至德之人。虽然他有很高的道德，但一般人对于其道德高到什么程度不知道，看不出来。像周公代理天子职权期间，对成王一方面抚养，一方面教育，然后又把天子的位置交还给成王。这种德是多么伟大，但是依然超不过孝道，周公的德仍然以孝为主。

周公以始祖后稷郊祭配天，宗祀文王于明堂以配上帝，这些都是孝道的体现，体现了周公不忘本，有知恩报恩、饮水思源的意识。祭祀，最重要的作用和功能是昭述祖德。祖宗的德行庇荫子孙繁衍昌盛，所以祭祀时的祭文要把祖宗的德行明白昭述出来，让历代子孙都来效法。祭祖更重要的是体念祖宗的存心，不辜负祖先的期望，把祖宗的家规、家法、家教、家道、家文化传承下去。《礼记·祭统》说："顺之至也，祭其是与。"把孝顺之心表达到极致的，就是祭礼。这是周公特别重视祭祀的原因。

有一位老教授在一篇文章中写道："古礼首重祭礼，诚属心性极则之理而表现于吾人日常生活中者也，真一切行门之大根大本也。"心性极则之理其实就是孝道。孝是自己的心性，孝道就是心性极则之理。所以，"孝弟之至，通于神明，光于四海，无所不通"，圣人的德行没有比孝更大的。

通过祭祖，把自己这种一体的心给引发出来。自己不仅和祖先是一体的，和后代子孙也是一体的；不仅和人是一体的，和自然万物也都是一体。自己的这个心是真心、仁心。古人经常讲"一体之仁"，如果心里有"两个"的观念，仁心就不存在。正是通过祭祖倡导孝道，把自己一体的仁爱之心给开发出来。

可见，中国的祖先无比慈悲。通过祭礼这样一种礼的设计，给了后人一个受教育的机会，培养起一体的孝心、仁爱之心、恭敬之心、感恩之心。如果真正具有这种心，把参加祭礼时的恭敬心、感恩心、仁爱心延续下来，运用在日常为人处世、待人接物中，很多冲突矛盾都可以化解于无形。这是祭祖真正的意义。

孔子说"我祭则得福"。一切福田不离方寸，从心而觅，感无不通。福田靠心耕，而孔子是"祭如在，祭神如神在"。祭祀的时候就像神明、祖先在面前一样，心里无比恭敬、感恩。正是因为有这种心，所以才得福。孝悌之道如果尽到极致，就能与天地神明相通。所以，圣人的德行也没有比孝道更大的，没有超过孝道的。

"圣人因严以教敬，因亲以教爱。"邢昺疏："父子之道，简易则慈孝不接，狎则怠慢生焉。故圣人因其亲严之心，敦以爱敬之教也。"意思是，父子之间如果过于简单平易，慈孝之情就接续不上；如果过于亲密，就会产生怠慢之心。因此，圣人顺着人亲爱、尊敬父母的心，重视对儿女施以爱敬的教育。

爱敬的教育在古礼中有所体现。"父子有亲"是一种天性，但是父子之间到底怎样才叫亲？是否像朋友一样直呼其名才显得亲近？父亲在家庭中应该怎样保持尊严？这些中国古人早有思考，所以讲"圣人因严以教敬"，在礼上也有规定。例如，祖可以弄孙，父不可以弄子。孙子可以承欢膝下，爷爷可以享受天伦之乐，和孙子在那里玩耍，但是父亲跟儿子就不可以。做父亲的承担着教育子女的责任，时时要表现出一种威严。如果父亲失去了这种威严，孩子会对他轻慢，对他的话不放在心上，就会造次，教育就很难有成效。

如果不懂这些道理，掌握不好分寸，最后孩子长大，不把父母的教诲放在心上，教育出了问题，再后悔也来不及了。明白这些礼仪，对于现在的很多说法、做法，就知道是对还是错，可取还是不可取。不要什么都是西方的月亮比中国的圆，认为西方流行的就是正确的。

中国文化对人与人之间怎样保持和睦而又不失亲密的关系，有非常详细的规定。不仅父子之间如此，君臣之间、师生之间也如此。如果不懂礼，父亲会没有父亲的尊严，领导会没有领导的威仪，老师会没有老师的尊严。儿子不尊敬父亲，下属不尊敬领导，学生不尊敬老师，就会出现孔子所说的"君不君，臣不臣，父不父，子不子"。

孟子说，"人皆有良知良能"。在孩提时都知道爱自己的父母，长大一些懂得尊敬长辈，这说明人情之中本具爱敬之礼，圣人正是顺着人的性情加以教导。圣人是依据人对父母的恭敬之心，教导人懂得恭敬；依据人对父母的亲爱之心，教导人懂得仁爱。顺着人的性情而教，效果会非常好。

"圣人之教不肃而成，其政不严而治，其所因者本也。"邢昺疏："圣人谓明王也。圣者，通也。称明王者，言在位无不照也；称圣人者，言用心无不通也。"圣人和明王其实是一个意思，只是侧重点不同。称明王，是讲他在位无不照见；称圣人，是讲圣心无不通达。圣人的教化无须严肃的方式就能成功，明王的政令无须严厉的手段就能使天下太平，这是由于圣人所依据的是孝道的根本。

"其所因者本也"，"本"是指孝道。孝道来自父子有亲的天性。首先体会一下父母是怎样关爱儿女的。孩子小时候不会说话，不懂得表达自己的意思，但是因为父母对自己的孩子非常用心，所以能时刻体会到孩子的需求，父母的心思无时无刻不在儿女身上。

"慈爱"的"慈"字，上面是一个"兹"，下面是一个"心"，"念兹在兹"是"慈"。父母对儿女的恩德，就是父母的心无时无刻不在牵挂着儿女。正因这种爱心，父母才不需要儿女表达，不用儿女说话就能懂得儿女的意思。这就是《大学》所说的"未有学养子，而后嫁者也"，没有谁是先学会了生养孩子才去嫁人的。嫁了人，养了孩子，自然就懂得怎样抚养孩子，因为做母亲的有真诚心、有爱心。这就是"圣人之教不肃而成"。圣人之教是发挥母爱，所以，教育不需要严肃就可以培养孩子的爱心。孩子对父母的爱是天性，有了对父母的爱心，对其他一切人也可以散发爱心。

父母不仅有爱儿女的心，在事上也做得尽善尽美。父母爱儿女，吃饭让孩子吃得好，穿衣让孩子穿得暖，孩子把床尿湿了，母亲自己睡在湿的地方，让孩子睡在干燥的地方。孩子生病，父母宁愿代替孩子受病苦。做儿女的也应该学着以父母爱儿女的心，去体会父母的需要。父母全心全意地把心放在儿女身上，儿女的心也要全心全意地放在父母身上。

《弟子规》有很多具体要求。"父母呼，应勿缓；父母命，行勿懒。父母教，须敬听；父母责，须顺承。"父母叫你，不能爱搭不理，装没听见，或者应答不耐烦，这都是不孝。"父母呼"，不仅有"呼"出来的，比如呼喊你的名字，还有一些心意没有说出来，没有用言语表达出来，做儿女的要善于体会。例如，父母对自己的期望是什么？父母希望儿女学做君子、学为圣人；希望儿女志存高远、学有所成，成为对国家、民族有贡献的人。这些都是父母的呼声，做儿女的是不是尽心尽力地满足？所以，做儿女的能把学业搞好，把自己的工作做好，让父母放心，把自己的本分尽到，都是在回应父母的心声。

儿女对父母的爱，要从一些具体的小事表现出来。《弟子规》说："冬则温，夏则凊；晨则省，昏则定。"冬天到来，要问父母是不是冷，穿的衣服够不够暖和。夏天要看一看父母是不是太热，要懂得嘘寒问暖，照顾父母。不要让父母着凉，也不要让父母太热。早晨起来，第一件事要去父母那里问安。看看父母有什么需要，也体会到父母时刻挂念着儿女的心，让父母知道自己的状况如何，免得挂念。

爱心是通过一些具体的礼来体现的。同样，对父母的恭敬也要通过礼来培养。《礼记·内则》记载了古人是如何侍奉父母的：儿女侍奉父母，应该是鸡刚刚啼叫就起来洗脸漱口、梳头戴帽、理好饰物、系好帽缨、穿上端服、套好蔽膝、系上大带、插上笏板，也就是穿戴好正式的官服礼帽，到父母居住的地方，心平气和地询问父母需要什么，然后恭敬地送上。和颜悦色，嘘寒问暖，从中可以体会到儿女对父母的恭敬之心。

父母如果有过错，要心平气和，低声劝说。如果劝说听不进去，要更加恭敬、更加孝顺，等父母高兴的时候再次劝说。如果父母发怒不高兴，甚至打自己，也不能厌恶埋怨。不是因为不义之事而发怒，而是因为儿女做了一些错事，惹得父母不高兴。父母去世，儿女要做一些善事，让父母留下好名声。

曾子说："孝子养老，要使老人耳目愉悦，寝室安适，以其饮食习惯，尽心尽力奉养。父母喜欢的，自己也喜欢；父母崇敬的，自己也要崇敬。连犬马都会如此，更何况人？"从这里能体会到古人对父母的那种恭敬之心。从小学习如何善待父母，把这些细节都做到，才是恭敬父母。古人说："生，事之以礼。"父母活着的时候，要在点滴之中，按着礼的要求去奉养父母。通过这些礼，培养对父母的爱敬之心。

可能很多人会觉得太烦琐，现代人公务繁忙，做事讲求速度，没有那么多时间和精力花费在这里。有个中国人去日本留学，回来的时候娶了一个日本媳妇。他带着媳妇回家见父母。第二天早晨父母起床时，发现儿媳妇穿着和服、化着妆，像去参加正式宴会一样装扮齐整。她跪在公婆门外，看到公婆打开门，马上恭恭敬敬地鞠躬行礼说："请问爸爸妈妈昨天晚上休息得好吗？"结果这个举动把老两口吓了一跳，不知道发生了什么事。由此可见，中国礼仪之邦的礼，让日本人学了去，韩国人学了去。在他们的日常生活中，看得到中国的礼。

试想，如果儿女平时都是以这样的恭敬之心来侍奉父母，就不会对父母大吼大叫，不会对父母不满、不奉养，不会跟父母吵架，对父母脾气很坏。

中国古圣先贤的礼，确实能起到防患于未然的效果，但是，这种好的礼仪文化，在过去一段时间却被一概批判为"吃人的礼教"而废弃了。结果，现在很多父子、婆媳之间的关系都处理不好，甚至还吵上法庭。中国传统文化确实面临着断层的危机。文化断层就是说，有些文化、有些礼仪在古籍中有所记载，但在现实生活中看不到。

《弟子规》说"揖深圆，拜恭敬"，很多人不理解，现在都讲平等，为什么还要给人鞠躬？他不懂得礼是"自卑而尊人"，礼仪的作用是自己谦恭、尊重他人。这样的礼人人都去实行，人人都自卑而尊人，很多矛盾冲突确实可以化解于无形。中国的文化被日本人、韩国人吸取学习，至今仍然体现在他们的日常生活中，这就叫"礼失而求诸野"。

善事父母不仅表现为礼的形式，更重要的是从内心表达出对父母的恭敬和感恩之心，用心体会父母的需要。当一个人能认真地体会父母的需要，能看到父母的需要，他就能看到老师的需要、领导的需要、他人的需要。而一个人不违逆父母，自然就很少去违逆师长、违逆领导。《论语》记载，孔子的弟子有子说："其为人也孝弟，而好犯上者，鲜矣；不好犯上，而好作乱者，未之有也。君子务本，本立而道生。孝弟也者，其为仁之本与！""本立而道生"的道就是人道，就是圣贤之道。一个人连孝敬父母都做不到，做人都没有资格，更何谈成圣成贤？成圣成贤根本是在孝道，把孝道做好，才能成为君子，成为贤人，成为圣人，否则，就成了"无源之水，无本之木"。

中国传统社会的道德教育之所以奏效，正是抓住了孝的根本。这就是"因严以教敬，因亲以教爱"。反之，道德教育不奏效，不能取得预期的效果，是因为忽视了孝的根本。孝是从根本上培养一个人的爱敬之心，而爱敬之心可以化解很多矛盾、冲突和对立。

现在的社会问题看似很多，实际上都是枝叶花果。追根溯源，根本在于人心出了问题，不能以爱敬之心来待人、接物。而爱敬之心要通过孝来培养。缺乏或忽视对父母的孝，仁爱之心没有根源。由此可知，道德教育要以孝道作为根本，上行而下效，自然而然会取得良好的成效。

第九讲　做人的四个庄重

接着学习《孝经·圣治章》：

【父子之道，天性也，君臣之义也。父母生之，续莫大焉。君亲临之，厚莫重焉。故不爱其亲而爱他人者，谓之悖德；不敬其亲而敬他人者，谓之悖礼。以顺则逆，民无则焉。不在于善，而皆在于凶德。虽得之，君子所不贵。君子则不然，言思可道，行思可乐，德义可尊，作事可法，容止可观，进退可度，以临其民。是以其民畏而爱之，则而象之。故能成其德教，而行其政令。《诗》云："淑人君子，其仪不忒。"】

"父子之道，天性也"。"性"，常的意思。父子有亲是天性，是恒常不变的规律。父母慈爱儿女，儿女孝敬父母，这是出于人的自然本性。但是，为什么还会出现儿女不孝父母，打骂父母，甚至父母不慈爱儿女的现象？这就是《三字经》开篇所说的："人之初，性本善。性相近，习相远。苟不教，性乃迁。"虽然父慈子孝是自性本具，是天然本性，但也需要有良好的教育和环境来加以保持，使之恒常不变。否则，也会受到不良环境影响，出现与本性背离的现象。虽然背离，但本性本善并没有消失，只是被自私自利、名闻利养、五欲六尘、贪嗔痴慢这些外在的染污遮蔽了，本有的智慧、光明、本善不得彰显。正如一个光芒四射的水晶球，本来是晶莹剔透的，但是沾上了很多污泥，使它本有的光明难以显现。所以，**教育、修身的目的是把外边的染污一层一层地剥落，使本有的光明得以显现**。这就是《大学》开篇所讲的："大学之道，在明明德，在亲民，在止于至善。"古人说，读书志在圣贤，目的是成为君子，成为贤人，成为圣人。成圣成贤要从孝道教起，因为父子之道是天性，顺着这种天性去教，很容易成就。

"君臣之义也。"儿女长大后要为社会做事。古时候读书人的志向大多是入仕，这就有君臣关系。"君臣"就是领导者与被领导者之间的关系。他们之间的相处要讲究"义"，君要敬臣，臣要尽忠。父子之道推而广之，就扩展到君臣关系、君臣之义。君主和臣下之间并不具有天然的亲情，而是以道义相结合，所以要求君仁臣忠、互相尊敬。这也是家庭之中父子之道的延续。在家里，父母要慈爱教导儿女，相应地，君主也要仁爱臣子，尽到君、亲、师的责任，要引导、教育臣下。儿女在家要爱敬父母，对君主尽到忠心。"忠"，古人解释为"尽己之谓也"，全心全意地完成领导交给自己的工作任务，让领导放心，这就是尽到了忠心。

很多企业都在讲执行力，但是讲来讲去也没有弄清执行力到底是怎么来的。翻开《弟子规》，开篇"入则孝"有四句话："父母呼，应勿缓；父母命，行勿懒。父母教，须敬听；父母责，须顺承。"一个人在家里对父母是这种态度，他到工作岗位上对领导也容易是这种态度。把父母换成领导，即"领导呼，应勿缓；领导命，行勿懒。领导教，须敬听；领导责，须顺承"。还有比这更高的执行力吗？很多企业进行员工培训，教育来教育去，效果不佳，说员工没有感恩心，没有恩义、情义、道义。员工对自己的父母都没有感恩之心，对老板怎么可能会有感恩之心？所以，即使是企业的员工培训，也要从孝道这个根本来教起。大到治国，也要从孝道开始，"求忠臣于孝子之门"。

"教"更重要的是身教，领导自己首先要做到，这样才能上行而下效，起到良好的教育效果。《大学》讲："自天子以至于庶人，壹是皆以修身为本。"父子之间的慈孝之道是天性，表现在君臣之间就是大义。

"父母生之，续莫大焉。君亲临之，厚莫重焉。""续"，连续。"临，尊适卑也。"意思是尊贵的人到卑贱的人那里去。从天子、诸侯、卿大夫到庶人，只要是人，都要明白一个道理：我们这个身体是怎么来的。

　　孔子在《易经》中说："精气为物，游魂为变。"人到世间来，要借着父母的身体，通过父精母血的缘才能实现。从入胎开始，就要吸收母亲身体里供养自己生长所需的各种养分。我们的眼睛、鼻子、耳朵、五脏六腑以及皮肤、血肉、骨头，哪一样不是母亲给的？我们整个身体都是父母给予的。"续"字，是提醒作为儿女，自己的整个身体都是父母的身体延续下来的。父母用他们的身体来培育我们的身体，所以说"续莫大焉"。《孝经》第一章《开宗明义章》讲："身体发肤，受之父母，不敢毁伤。"对父母延续下来的身体不敢有任何毁伤，不敢有任何伤害，是"孝之始也"，是最基础的孝顺。

　　人懂得"父母生之，续莫大焉"，保护好自己的身体就是必然的。有孝心的孩子根本不可能自残、自杀，因为他懂得这样做会让父母伤心。

　　"君亲临之，厚莫重焉。"天子、诸侯是具有"君""亲"两种身份的人。君主选择贤才，以官爵来显扬他，以荣禄来优待他，是极其深厚的恩义。同时，对臣子要有深厚的爱心；臣子感受到了，也会竭忠尽智地履行责任和使命。这就是《孟子》所说的："君之视臣如手足，则臣视君如腹心。"领导者把属下当成手足，加以关爱、重视，被领导者就会对领导者更加关爱。这叫"君仁臣忠"，也是中国式管理——"中国之治"的最大特点。

　　就家庭内部而言，做父母的也具有双重身份。既处于君的位置，要有君的威严，又作为父母，要有父母的慈爱之心。以此双重身份来对待儿女，所以没有比父母恩德更深厚的。但一般人生活在父母的关爱之中，习以为常，不以为然。

"父母生之，续莫大焉。君亲临之，厚莫重焉。"意思是父母生子，使血脉相连，孝道相续，没有比这种延续更密切的。对儿女既有君主的威严，又有父母的慈爱，没有比这种恩义更厚重的。

"故不爱其亲而爱他人者，谓之悖德；不敬其亲而敬他人者，谓之悖礼。""悖"是逆的意思。所以，不爱自己的父母而爱别人，叫悖逆道德；不尊敬自己的父母而尊敬他人，叫悖逆礼义。

道是自然而然的天性。顺着自然而然的天性去做，是德。父子有亲是天性，顺着父子有亲的天性去做，做到父慈子孝，是德。德是从天性里面出来的。父母生下儿女，儿女什么都不懂，不会走路，不会说话，要靠父母用心培育。甚至在儿女还没有出生的时候，父母就担心胎儿是不是在健康地成长，定时去医院检查。孩子一出生，吃喝拉撒睡，更是完全依靠父母的照顾。教他走路，教他说话，到上学的时候，给他良好的教育，一直到成人。乃至到了成家立业，父母还是放心不下。无论儿女走到哪里，父母都在关心他、念着他。所以，中国古人有句话说："母活一百岁，常忧八十儿。"

一个人来到世间，父母的恩德是最重的。如果对自己的亲生父母都不懂得爱护，不知道孝顺，不知道报答，不懂得让父母衣食无忧、处处安心，这就是"不爱其亲"。一个不爱父母的人说爱别人，这就是骗人的。

古人择偶、择友要看这个人是不是孝敬父母、友爱兄弟。如果对父母不孝，对自己恩德最重的人都不知道回报，这个人肯定没有恩义、情义、道义可言。他不是以恩义、情义、道义的方式为人处世，取而代之的是以利害为取舍的原则。一个人对他有利，他就全力以赴。一个人对他有好处，他就鞍前马后。这样的人很可能做忘恩负义、见利忘义、喜新厌旧的事。一些年轻人不仅不知道回报、赡养父母，还经常向父母伸手要钱，甚至要不到钱的时候骂父母，瞧不起父母。这都是大逆不道。

"不敬其亲而敬他人者，谓之悖礼。"爱是出于天性，敬是接受教化后懂得如何尊敬父母，对父母有应有的礼数。例如，《弟子规》讲，"父母呼，应勿缓""晨则省，昏则定"，早晚要向父母问安，让父母很放心，也看看父母有没有需要自己的地方。"或饮食，或坐走，长者先，幼者后"，无论吃饭还是走路，都是长者在先，幼者在后。"出必告，反必面"，出门的时候，要告诉父母，让父母知道你去哪里；回来后，也要去向父母请安，让父母放心，知道你已经回来。"亲有过，谏使更，怡吾色，柔吾声"，当父母有过失，要委婉地劝谏，使之改正，劝谏要和颜悦色，不能疾言厉色。这都是对父母保持应有的恭敬态度。

《论语》中孔子说："今之孝者，是谓能养。至于犬马，皆能有养。不敬，何以别乎？"赡养父母是做人最起码的要求。如果仅仅赡养而不尊敬父母，就和狗、马没有区别。所以，赡养父母最重要的是从内心表达出对父母的恭敬和感恩之心，尊敬父母。

孔子还说："色难。"对父母保持和颜悦色是难能可贵的。"有事，弟子服其劳；有酒食，先生馔，曾是以为孝乎？"有事情，为父母代劳；有了好东西，让父母先吃。难道这就是尽到了孝？言外之意，还远远不够孝顺。

《礼记》说："孝子之有深爱者，必有和气；有和气者，必有愉色；有愉色者，必有婉容。"深爱父母，对待父母和颜悦色、柔声下气、愉色婉容,这才是孝子的表现。

没有接受过良好的传统文化教育的,对于领导交代的事情,满心欢喜地去做,对父母交代的事情却漫不经心,不放在心上。这都是以利害之心在为人处世、待人接物,是以这样一种方式获得别人的好感,用这样的行为去欺骗人家,最终达到自己的目的。遇到这样的人,不可轻易相信。因为"不敬其亲而敬他人者",是和礼相悖逆的。

"故不爱其亲而爱他人者,谓之悖德;不敬其亲而敬他人者,谓之悖礼。"这句话还有一层深意,作为天子,作为领导者,如果不能以爱敬的态度侍奉父母,不以身作则,然后"德教加于百姓",只是教导百姓爱敬自己的父母,即"不爱其亲而爱他人""不敬其亲而敬他人",这是悖德悖礼的行为。如果君主有这样悖德悖礼的行为,孝道教育就不能深入民心,推广开来。

《礼记·大学》:"尧舜率天下以仁,而民从之。"尧舜是以仁爱之道率先垂范,所以民众跟从。"桀纣率天下以暴,而民从之。"桀纣是以暴虐来率领天下人,民众也跟从。"其所令反其所好,而民不从。"如果命令和喜好是相反的,民众自然不会跟从。"是故君子有诸己而后求诸人,无诸己而后非诸人。所藏乎身不恕,而能喻诸人者,未之有也。"君子是自己先做到,然后才要求别人做到;自己先杜绝,然后才要求别人杜绝。自己不懂得宽恕,还希望别人能做到,这是从来没有过的。

如果君主不能以爱敬之心侍奉父母,而教天下人爱敬父母,这是"其所令反其所好",是悖德悖礼的行为。道德教育之所以不能取得预期效果,一个重要原因就是把道德教育变成说教,让民众去做,而不从自身做起,这是违背了道德教育的规律。一些腐败分子在开会的时候，讲得慷慨激昂，一定要把反腐败作为关系到国家长治久安的重要事情来抓。结果没几天，却因贪污腐败而锒铛入狱。把道德教育变成说教，民众就会对道德教育丧失信心。

"以顺则逆，民无则焉。"第二个"则"是效法的意思。什么叫"以顺则逆"？爱护父母，尊敬父母，这是顺乎天性的，否则就是违逆天性。君主应当顺乎天性，却违逆天性，不能爱护父母，不能尊敬父母，这就叫"以顺则逆"。悖逆作乱，百姓就无从效法。

"不在于善，而皆在于凶德。虽得之，君子所不贵。"唐玄宗注解，"善，谓身行爱敬也""凶，谓悖其德礼也"。君主不能身行爱敬，而是违背道德礼法，必会招致凶灾。夹注说："恶人不能以礼为善，乃化为恶，若桀纣是也。"不能遵循礼法行善，会变为恶人，像夏桀和商纣那样。

"虽得之，君子所不贵。"通过不正当的方式得到权位，君子也不以之为贵。因为君子有道德、有学问，如果连父母都不能爱护、不能尊敬，虽然得到天子之位，大家也并不尊重他，并不爱戴他，甚至不把他当作天子。而且富贵也是一时，不可长保。厚德载物，一个人没有深厚的德行，也不能承载那么高贵的地位。所谓"德不配位，必有灾殃"，一个人的德行和他的位置不相匹配，就会有灾殃。

"君子则不然，言思可道，行思可乐"。作为君子，则与此不同，君子不做悖逆作乱之事。君子说话之前，一定会考虑自己的言语是否可说；行动之前，一定会考虑自己的行为能否使大众悦服。邢昺疏，"道"谓陈说也，"行"谓施行也，"乐"谓使人悦服也。言行是要有人教的，孔门四科——德行、言语、政事、文学，首重德行，然后是言语。"言思可道"，言语必须与经典相应，应该启发人、爱护人、提升人、帮助人，应该提倡友爱，化解矛盾，促进团结，而不是引发对立，搬弄是非，挑拨离间。"善护口业，不讥他过"，这句话非常重要。《弟子规》"信"的部分，有很多关于言语的要求。例如："凡出言，信为先；诈与妄，奚可焉。"言语非常重要，特别是对于君主而言。

《史记》记载了"君无戏言"的典故。叔虞是周成王的弟弟，成王跟叔虞开玩笑，把桐叶削成圭形给叔虞，说："用这个来封赐你。"这句话被史官听到，要求成王选一个好日子，封叔虞为诸侯。成王说："我只是和他开玩笑罢了。"史官说："天子无戏言，言则史书之，礼成之，乐歌之。"天子没有开玩笑的话，话一旦出口，史官就会记录下来，用礼仪来完成它，还要用乐歌来歌唱。于是，成王封叔虞为唐国的诸侯。

孔子说："民无信不立。"先取信于民，然后才能得到民众的信任、支持、拥戴和配合，政令才可以顺利推行。

《弟子规》说："事非宜，勿轻诺；苟轻诺，进退错。"如果这个事情不适宜，就不能轻易承诺。承诺了又不能兑现，就会让自己处于两难境地。

《弟子规》还说："奸巧语，秽污词，市井气，切戒之。"避免奸邪的言语，勾引诱惑的、粗鲁低俗的话都不要说。一些领导干部在吃饭交谈的时候会以讲低俗的笑话为荣，好像不这样讲就不够幽默。其实这样做，会让领导失去威仪，让人生不起尊重之心，觉得他和市井之徒没有差别。

《弟子规》说："话说多，不如少；惟其是，勿佞巧。"《周易》说："吉人之辞寡，躁人之辞多。"吉人，吉祥的人，没有什么危险，任何时候都是吉祥的。吉人不是不说话，而是言语很少。吉人说话，只要言语一发出来，对人对己都有益。古人常说"祸从口出"，言辞不当会招来祸患，而吉人的言语不会招来祸患。因为"吉人之辞寡"，他不说无益的话，只要说出来就能有益他人。相反，"躁人之辞多"，浮躁的人心不定，话特别多。言多必失，所以，不要学浮躁的人，要学吉祥的人。浮躁的人说话不是得罪某一个人，就是对社会人群产生伤害。像某些公众人物说出来的话，很多都是坏人心术，引发人的情欲，导致暴力倾向，把人引向邪路。正当的言语要说，不正当的言语不要说，否则会伤人害己。再有，"话多伤气"。

古人说言为心声，通过一个人的言语，可以观察他的德行。《格言别录》说："德盛者，其心和平，见人皆可取，故口中所许可者多。"德行深厚的人心平气和，看每个人都有可取之处，有值得自己学习的地方，所以，他口中认可、肯定的人就有很多。相反，"德薄者，其心刻傲，见人皆可憎，故目中所鄙弃者众"。德行浅薄的人，心地刻薄、傲慢，看每个人都有瞧不起的地方，都有不如自己的地方，所以，他鄙视的人就有很多。

由此可知，如何判断自己是德薄者，还是德盛者？从自己的言语中可以观察到。《周易》有段话对了解人的性情很有帮助："将叛者其辞惭，中心疑者其辞枝，吉人之辞寡，躁人之辞多，诬善之人其辞游，失其守者其辞屈。"将要背叛的人，他的言辞会表现出惭愧不安；心中有疑虑的人，他的言辞会表现出散漫、枝节较多；吉祥善良的人，他的言辞很少；心浮气躁的人，他的言辞很多；诬陷好人的人，他的言辞会表现出犹疑不定；失去操守的人，他的言辞会表现出屈曲不直，因为做了坏事，有失操守，所以有一些理屈词穷的感觉。

《了凡四训》说，一个人过恶太多会有一种表现，"见君子而赧然消沮"。当看到真正有德行的人，他会感到非常惭愧，不好意思。

第九讲 做人的四个庄重

由此可知，通过观察一个人外在的言语，可以了解他的品性。《小儿语》有句话说："一切言动，都要安详；十差九错，只为慌张。"言行庄重对人很重要，慌里慌张容易出错。

"言思可道"，强调说话要实事求是，对人有真实利益，能够提升他、帮助他、教育他、提醒他的话才说。对人有伤害、引导人心术不正的话不能说。千万不要学习大众媒体的负面言论，例如引导人吃喝玩乐、骄奢淫逸，如何与人争名夺利，讲究享受生活等。这些话顺应了人的某些习性，会把人教坏。圣人所教导的话，经典中的话，符合孝悌忠信礼义廉耻的话可以讲。例如，孔子教人"主忠信"，要避免"巧言令色"，要温良恭俭让等。说话要多引用经典，符合《诗》《书》等经典的意旨，可以传道。避免谄媚巴结的话和花言巧语，言辞自然安定。

"行思可乐"，行为符合礼法规范，让百姓心悦诚服。古代的礼法规范非常多，在具体生活中要把握一个原则：处处为对方着想，体会对方的感受，看到对方的需要。这样的行为才能让人心悦诚服。《淮南子》说："孔子养徒三千人，皆入孝出悌，言为文章，行为仪表，教之所成也。"孔子培养的弟子有三千多人，人人都孝敬父母、尊敬长辈，一言一行、一举一动都是社会大众的表率，是接受了良好的教育所成就的。

"德义可尊，作事可法"。君主要在品德上严格要求自己，做事合乎道义。"义者，宜也"，适宜的"宜"。做事合乎人情事理，才值得尊敬和效法。

《贞观政要·诚信》记载，贞观初年，有人上书，请求斥退皇帝身边的佞臣，即邪曲不正、谄媚巴结、阿谀奉承的人。太宗对上书的人说："我认为所任用的人都是贤臣，你认为谁是佞臣？"这人就向太宗建议："我住在民间，的确不知道谁是佞臣。但是请陛下假装发怒，以试探身边的大臣。如果有人不畏惧雷霆之怒，仍然直言进谏，这人就是正直之人；如果有人一味地依顺陛下，不分曲直地迎合陛下，这人就是佞邪之人。"

一般人听到这个办法，可能认为这人很聪明，但是太宗说："流水清浊，在其源也。君者政源，人庶犹水，君自为诈，欲臣下行直，是犹源浊而望水清，理不可得。"流水是清还是浊，取决于源头。君主就像河流的源头，君王不真诚，臣子怎能真诚？如今君王希望臣子真诚正直，自己却使用诈术，这就如同水源浑浊，却希望水能清澈一样，是不可能的。

人不能轻视意念的力量。假如领导者装模作样地试探属下，身边的人也会装模作样；假如领导者经常疑神疑鬼，身边的人也会疑神疑鬼；假如领导者经常批评人，身边的人也会经常批判人；假如领导者的脾气很大，身边的人脾气也会很大。如果属下没有学习圣贤教诲，没有分辨能力，一定会上行而下效。

人与人之间会相互影响，所以，古人特别强调选择什么样的老师、交什么样的朋友。"亲附善友，如雾露中行，虽不湿衣，时时有润。"亲近善良的、仁爱的朋友，就像在雾露中行走一样，虽然打湿不了衣服，但是能时刻受到他德风的滋润。选择与善人相交，会潜移默化地受到善人德风的滋润，自己不知不觉也会变成有善德善行的人。真正有责任感的领导者，随时随地谨言慎行，免得误导属下。每说一句话都依照经典，而不是依照个人的意愿，这才是对属下真正的爱护。这需要长期深入经典的功夫。

假如唐太宗没有深入经典，上书的人一提议，他会赞叹那人很聪明，但其实那人的态度是错误的。唐太宗之所以很有智慧，是因为他懂得"因地不真，果招纡曲"。念头和手段不真诚，就不能得到臣子相应的真诚和正直。唐太宗还说："朕常以魏武帝多诡诈，深鄙其为人。如此，岂可堪为教令？"魏武帝是指曹操，曹操常用欺人的诈术。太宗对曹操的为人很鄙视，他说："我常常认为魏武帝言行多诡诈，所以很看不起他的为人。现在让我也这样做，不是让我效仿他吗？这不是实行政治教化的好办法。"他又对上书的人说："我想要诚信行于天下，不想用诈术损害社会风气。你的建议虽然很好，但是我不能采纳。"这体现了唐太宗的智慧，他并没有责骂上书之人，因为他毕竟提供了建议和方法。他没有因为自己真诚就对别人的意见轻视、傲慢，甚至责骂，而是肯定上书之人为国出力的这份心。

"容止可观，进退可度，以临其民。""容"是容貌，"止"是仪表。"容止"是古人所谓的威仪。《春秋左氏传》说："有威而可畏谓之威，有仪而可象谓之仪。"作为国家的领导者，与人见面时的态度、言语、动作、服装有威仪，令人尊敬，符合礼仪规矩，非常正派，是正人君子。"观"是观摩，即容貌仪表、言谈举止值得观摩，让人从中学到做人的态度。

《礼记·玉藻》中说："足容重，手容恭，目容端，口容止，声容静，头容直，气容肃，立容德，色容庄。"

"足容重"，是说行走要像大象一样稳重，四平八稳，非常缓慢。曾国藩经常教育子弟要走路慢，说话慢，吃饭慢。这都是教导孩子在日常生活中培养稳重的作风。"手容恭"，是说坐的时候手要恭敬，要"手敛"。走路的时候，"起脚敛手"，不能甩着胳膊，锻炼的时候除外。

"目容端","目"是眼睛,"端"是端平。不能向上看,也不能向下看。眼睛向上显得轻视傲慢,眼睛向下显得不屑,漫不经心。眼睛是心灵的窗户,心里有傲慢或者刻薄,表现在眼睛上不一样。还有的人说话的时候,眼睛滴溜乱转,说明这个人心思很复杂,心眼动得很快。

"口容止",说话要适可而止,要给别人表达的机会。君子不能无言,要做到慎言。《论语·里仁》篇有一句经文,子曰:"君子欲讷于言而敏于行。""讷"是言语迟钝。君子跟别人讲话,不会抢着说,要慢半拍。说话很谨慎,但是做事很敏捷。

《周易》说,"吉人之辞寡"。话不要太多,该说的说,不该说的,一个字都不多说。《论语·季氏》篇孔子讲到该如何说话:"侍于君子有三愆。言未及之而言,谓之躁;言及之而不言,谓之隐;未见颜色而言,谓之瞽。"孔子说,随侍君子身旁容易犯三种言语上的过失。第一种,不该讲的时候讲出来了,这是犯了心浮气躁、没有耐心的毛病,不懂得观时机。第二种,该讲的时候却不讲,这是犯了隐匿的过失,错过了讲的时机。第三种,不懂得察言观色,不知道君子的意向在哪里,乱说话,不看对象,不分场合,就会失礼,甚至坏事。"瞽"是盲的意思,盲目。这三种过失都要避免,随时将自己的心收摄起来,不可以放逸,一放逸往往会犯过失。

"声容静",不能大声喧哗,以免影响他人。有时候乘坐飞机,坐第一排的说话的声音可以传到最后一排。在餐厅吃饭,常常也是乱成一片。要考虑别人的感受,不要因为自己的交谈而影响别人。

"头容直",头不歪斜,要端正。跟人交谈,不要把头侧在一边,这是很多人经常犯的毛病。

"气容肃",说话时喘气的声音不要太重,要给人一种肃静的感受。

"立容德",站立时不能倚在一边,保持身体端正,才能给人一种有德行的感受。

"色容庄",容色庄重,有威仪,让人不敢轻慢。

孔子教导人,"色思温,貌思恭",表情温和,很恭敬,让人觉得很好亲近,但是又不敢造次,产生敬畏心。既想亲近,又不敢造次,因为容貌庄重有威仪,恰到好处。这就是"容止可观"。

"进退可度"。夹注说:"难进而尽忠,易退而补过。""进退"是晋升或罢退的意思。无论晋升还是罢退,无论在朝为官还是退隐江湖,都符合礼法,进则兼济天下,退则独善其身。《孝经》说:"进思尽忠,退思补过。"在朝为官时要想到如何竭尽全力地为国尽忠,为人民服务;退隐江湖要想着如何补救君主的过失,更重要的是如何补救自己的过失,更好地修养和完善自己,成就君子、圣贤的人格。

"难进而尽忠,易退则补过。"《晏子》记载,齐景公向晏子问求贤之道,晏子把人才分了三个等级:"夫上,难进而易退也;其次,易进而易退也;其下,易进而难退也。"意思是,最上等的人才很难被举荐,很难出来为官,做了官又很容易退位而去,就像诸葛亮这样的,要三顾茅庐请他出山,他才来辅佐你;次一等的贤才,很容易出来做官,也很容易罢官而去,是出来还是罢官,完全看需要,看时节因缘;最下等的人很容易被举荐出来做官,却很难罢退。真正有德行的人,与人无争,于世无求,他没有私心,没有功利之心,所以是进是退,完全看缘分、看条件。如果能用所学贡献社会,贡献人民,他就出来做官;如果条件不成熟,他就退而独善其身,不断地提升自己的品德。所以,古人说"人到无求品自高"。圣贤出来做官不是为了升官发财,满足自己的私欲。当国君很真诚地以礼仪的方式来请他，他愿意出来帮助国君治理天下。

现在很多人向西方学习，提倡竞争上岗，这样就不能排除应聘者是为了利而来。从这个角度看，竞争上岗往往选不出像诸葛亮、颜回这样最上等的人才，这样的人才是不愿意出来和人竞争的。而愿意出来竞争的，大体都有一些私心。所以，竞争上岗很容易遗漏最上等的人才。古人任用人才有办法，就是任用那些谦虚、礼让的人，重在提倡让，而不是争。

最上等的贤才"难进而易退"，难以出来做官，但是一旦出来做官，一定尽忠职守，像诸葛亮那样"鞠躬尽瘁，死而后已"。而且很容易隐退，一旦有比自己贤德的人才出现，他们愿意让贤。

"进退可度"，根据唐玄宗的解释，"进退"，动静也，不越礼法，则可度也。"动"，行动；"静"，静止不动。无论行动还是静止不动，一举一动都符合礼法。古人学礼，走路有走路的姿势，站立有站立的姿势，睡觉有睡觉的姿势，都要学其庄重。人如何做事是由身体表现出来的，体态庄重，表现出来的是对所做之事的端正不偏斜。古人说"站有站相，坐有坐相"，引申出来，待人就不会不平等，更不会做伤害他人的事情。

"度"，度量的意思，一言一行、一举一动都不逾越礼法，既不过分，也无不及，恰好符合礼法的规定，是众人学习的标准。

"是以其民畏而爱之，则而象之。故能成其德教，而行其政令。"这样做的结果是民众既畏惧他，又爱戴他。夹注说："畏其刑罚，爱其德义。"畏惧他的刑罚，又爱戴他的品德端正。"象"，是效法的意思。"故能成其德教，而行其政令"，就是孔子所说的"其身正，不令而行""苟正其身矣，于从政乎何有？"因为一言一行、一举一动都符合礼法，能率先垂范，深受百姓爱戴，愿意效法他、配合他，所以，圣君能实现道德教化，从而畅行其政策法令。

《说文解字》讲，"教，上所施，下所效也"，一句话就揭示出道德教育的途径。良好、有效的道德教育是上行而下效，上面怎么做，下面怎么效法。

"《诗》云：'淑人君子，其仪不忒。'""淑"是善的意思，"忒"是差的意思。善人君子，威仪不差，可为人法则。《诗经》说，善人君子的容貌举止毫无差错。《论语》说："君子不重则不威。"汉代扬雄《法言·修身》篇提出做人应该取四重："重言，重行，重貌，重好"。"言重则有法，行重则有德，貌重则有威，好重则有观。"君子要重视自己的言语、行为、容貌、爱好。言语庄重可以让人效法；行为庄重则显得有德行；容貌庄重则有威仪；爱好庄重则可观摩。君子这样修身要求自己，就可以达到容貌、威仪毫无差错，令人效法。

第十讲　事亲的五种孝行

《孝经·纪孝行章》记录的是孝子侍奉父母双亲的善行。君子都是由于具有孝心，才有种种孝行。本章记录五种孝行，以及三种不孝的行为。

【子曰："孝子之事亲，居则致其敬，养则致其乐，病则致其忧，丧则致其哀，祭则致其严。五者备矣，然后能事亲。事亲者，居上不骄，为下不乱，在丑不争。居上而骄则亡，为下而乱则刑，在丑而争则兵。三者不除，虽日用三牲之养，犹为不孝。"】

"孝子之事亲，居则致其敬"，"居"，平常居家的时候。"致"，竭尽的意思。平常居家，孝子应该竭尽恭敬之心来侍奉父母。这是强调"敬"字。《礼记·祭义》说："养可能也，敬为难。"奉养父母比较容易，但是做到恭敬比较难。《礼记·内则》记载，孝子早晨洗漱之后，要到父母居住的地方侍奉父母，这是恭敬的表现。对父母的恭敬之心表现在生活的方方面面。

《弟子规·入则孝》篇有四句话："父母呼，应勿缓；父母命，行勿懒。"父母呼喊自己的名字，要马上答应，不要迟缓，不能像没有听到一样，爱搭不理。似听未听，似闻未闻，像没有那回事一样，就是对父母不恭敬。"父母命，行勿懒。"父母命令自己去做某件事，要马上行动，不要偷懒，更不能借故不去做。"父母教，须敬听。"在接受父母教导时，要有耐心，恭敬地听从，不能反驳。不能因为父母说了句话，就用九句反驳，一言九"顶"，这都是没有受道德教育的结果。"父母责，须顺承。"当有了过失，受到父母责备时，要顺着父母的心思，不能违逆。做到这四句话才是恭敬，反之就是不恭敬。恭敬不仅是外在的行为符合礼的要求，更重要的是内心的恭敬。

《太上感应篇》记载，明代有一个读书人叫王用予，有一天他梦到文昌帝君。他向文昌帝君请教这一年乡试录取的名单，且特别问起同乡中一个叫俞麟的人有没有考上。因为俞麟读了很多书，学识不错，而且邻里乡党都说他孝顺。每天晨昏定省，早晨问候父母，晚上又侍奉父母睡觉，做得都很符合礼。同乡的人都认同他是一个孝子，甚至远近都有人背着书箱来向他求教。但是没想到，文昌帝君脸上现出不高兴的神色，说："他没有考上。他本来是可以考上的，但是他的功名被削掉了。因为他看起来很孝顺，可都是做给别人看的。"他侍奉双亲犯了腹诽的罪过。腹诽就是表面上看起来恭敬父母，做得都符合礼的要求，但是内心对父母有抱怨、有不满。久而久之，就伤了父母和儿女之间的天性，最后，孝亲的行为成了应付，装出来做给别人看。而且他说话也非常刻薄，说明他没有从内心的忠厚去培养德行，而是欺世盗名。所以，除去他的功名，而且他也将终生穷困潦倒。

可见，孝本来是父子之间的天性，父子有亲，称为道。这种天性可以从孩子身上看出来。俗话说"人生百日，体露真常"，孩子出生一百天，观察他的动作、脸色会发现，孩子看到谁都是由衷地喜欢，发自内心地对每个人微笑，这就是人的天性。这时的孩子没有看到这个讨厌看到那个喜欢的分别。当他看到父母时，这种自然而然的天性就显得更加明显。这就叫"人生百日，体露真常"。但是，因为后天环境熏染，所受教育不同，有些人本有的天良被遮蔽了。对人自然的亲爱、自然的信任、自然的友好、自然的恭敬，渐渐消失了，人与人之间变成怀疑、对立、排斥、互不信任。像俞麟这样，表面上对父母很恭敬，做出来的行为都符合礼，但实际上是装给别人看的，让别人认为他是孝子，博取一个好名声，这是好名之心。这种好名之心掩盖了本性的天良，使得本性的天良显露得越来越少。他并非是发自内心地恭敬父母，这是值得大家特别警惕的。

"养则致其乐"。唐玄宗注："就养能致其欢。"强调儿女奉养父母，应该竭尽和悦，让父母感到欢乐。邢昺疏："《檀弓》曰：事亲有隐而无犯，左右就养无方。言孝子冬温夏清，昏定晨省，及进饮食以养父母，皆须尽其敬安之心，不然则难以致亲之欢。"意思是孝子冬天要让父母温暖，夏天要让父母凉爽。早晚问安，以及进奉饮食、赡养父母要尽恭敬、安定之心，否则难以使父母欢心。《弟子规》说："冬则温，夏则清。"这个典故出自汉朝黄香。《三字经》提到"香九龄，能温席"，黄香在九岁时就能想到，冬天天气比较冷，他先用自己的身体为父亲把床铺暖热，夏天先用扇子把床席扇凉，再让父亲去躺，从小就有这种体贴入微的意识。可见，黄香在为父亲暖床铺、扇床席的时候，心中一定是怀着对父亲的亲爱，怀着喜悦的心情。父亲感受到儿子对自己的体贴，心中当然生起欢喜。皇帝得知这件事，就重赏黄香，并且赐予他八个字："江夏黄香，举世无双。"这种做法就把孝亲的榜样树立起来，人人都能效法学习，看到自己的不足。于是，孝的观念得到迅速普及。

"养则致其乐"，当父母犯了过失，儿女劝谏时，不能疾言厉色，伤了父子之间的和气。如果为了讲理而伤害了情，特别是伤害了父子之间的亲情，这个理就不再是理了。因为父子有亲是天道，是最高的理，其他理都要服从于父子有亲这个理。家庭是讲温暖、讲爱、讲关心、讲理解、讲付出的地方，而不是讲理的地方。讲的道理再对，但是态度傲慢无礼、不恭敬，甚至违逆父母，父母依然听不进去。古人特别通达人情世故，而且兼顾天理、国法、人情。《弟子规》说："亲有过，谏使更，怡吾色，柔吾声。"当父母有了过失，做儿女的要劝谏，不能看着父母陷于不义而无动于衷。但是，劝谏的态度要和颜悦色，要等父母高兴、容易听得进去的时候再去劝谏。父母不高兴的时候，你非要给他讲理，非要劝他、和他顶嘴、说他不对，这时做父母的是很难接受的，很容易伤害父母与儿女之间的感情。"谏不入，悦复谏"，待父母高兴的时候，再去劝谏。

"**病则致其忧**"，当父母生病，做儿女的一定要尽心尽力去照顾，极尽忧心。《弟子规》讲，"亲有疾，药先尝，昼夜侍，不离床"，从中可以看到古人那种体恤、耐心的态度。

人到老年，生病的时候是最需要儿女关心的。这时，儿女稍有不耐心，表现出厌烦，就会让父母感到很受伤、很有压力，感觉自己为儿女添了麻烦，心里很过意不去。俗话说，老来难，老来难。为人子女要想到自己在成长过程中，父母是怎样付出的。当自己生病，父母那种焦急难过，那种愿意代儿女受苦的感受，如果自己能够体会，那么当父母年老的时候，也会对他们耐心地照顾，加以体恤。

汉文帝的生母薄太后生病三年，汉文帝在旁边照顾，目不交睫，衣不解带。他侍奉在母亲的身旁，困的时候打个盹，睡觉的时候连衣服都不脱，为的是能尽快听到母亲的需要。每次为母亲进奉汤药，他都要先尝一尝温度合不合适。汉文帝贵为天子，富有四海，但他照顾母亲仍然事必躬亲。上行而下效，整个社会兴起孝悌之风，人心厚道，实现了天下大治。在汉代，每个皇帝的谥号几乎都要加"孝"字，例如，孝文帝、孝景帝、孝武帝，说明汉朝特别重视以孝治天下。正因如此，才有了"文景之治"。

隋朝有一位官员叫辛公义，他在岷州做刺史。有一年当地发生瘟疫，患者却被家人遗弃，得不到照顾。可见，人没有了孝道，道义也就丧失了。"人不学，不知义"，辛公义并没有责备这些人，他只是把病人移到办公的厅堂，并且找来最好的医生，把这些病人治好，再让他们的家人接回去。辛公义做到了合情、合理、合法，没有让那些不孝、薄情寡义的人感到难堪。"人之初，性本善"，人都有惭愧之心，来接病人的家属全都惭愧得抬不起头来。此后，整个岷州称辛公义为"慈母"。

辛公义通过行仁行义，挽救了当地百姓的良心。一个人如果连父母都丢下不管，那就成了行尸走肉，因为他的良心已经泯灭。辛公义用真诚的心守护仁，行为符合道义，全心全意为百姓着想，关爱百姓，正己化人。辛公义化除了地方恶习，岷州的社会风气得以改观，说明孝是人的天性，从孝道入手，最容易启发人的天良。要相信人是可以教得好的，"诚心守仁则能化"。重要的是有人带头力行，诚心守仁，特别是领导者和教育者要率先垂范。

"丧则致其哀。" 父母过世，做儿女的要为父母办丧礼，目的是表达自己的哀思。父母这一生为了培养儿女付出很多辛劳，无私无求地为儿女奉献一生、操劳一生。父母过世，儿女再也没有机会喊一声"爸爸""妈妈"了，再也没有机会报答父母的养育之恩。这就是古人所说的"树欲静而风不止，子欲养而亲不待"。所以，儿女思念父母，当然非常哀痛。《孝经》最后一章《丧亲章》讲到"擗踊哭泣"。"擗"是捶胸，"踊"是顿足，哀痛到捶胸顿足，以至于茶饭不思、整日整夜地哭泣。这都是自然情感的流露。但是，这种情形不可以持续太长时间。因为"身体发肤，受之父母，不敢毁伤，孝之始也"，所以，虽然哀痛，但是不可以超过三日，三日后要正常饮食。

《孔子家语》说："立身有义矣，而孝为本；丧纪有礼矣，而哀为本。"办丧事要有礼节，哀痛是丧礼的根本。

《吕氏春秋》里有一段讲的是丧礼的来源。孝子尊重自己的父母，父母疼爱自己的孩子，这种感情之深，当父母或者儿女过世，当自己所敬重、所疼爱的人过世，不忍心将其抛弃于沟壑，所以才有了安葬死者的礼仪。"葬"是藏起来的意思。这是应该慎重和用心对待的。丧礼是出自孝子敬爱父母的一片真诚之心，并不是外在强加的形式，所以应以哀戚为根本。

孔子在《论语》中强调："丧，与其易也，宁戚。""易"，和顺而有条理。与其把丧礼办得和顺而有条理，不如内心哀戚，这才是抓住了根本。因为父母过世，自己很哀伤、很怀念，这时候处事有一些不周到的地方，也是人之常情。

现在讲临终关怀，通过一些方式让父母以和平安静的方式过世，是值得提倡的。总之，为父母办丧事并不是为了面子，让人夸奖自己孝敬，把丧事办得很有排场、很奢华，博得孝子的名声。办丧事要抓住根本，那就是感怀父母的恩情，用回报的心来安葬父母。

"**祭则致其严**。"父母过世，要依时依理进行祭祀。祭祀的宗旨在于不忘本，所谓返本报始，是教导人知恩报恩、饮水思源。《礼记·祭统》讲了祭礼的来源："夫祭者，非物自外至者也，自中出生于心也。"祭祀并不是外在的人、事、物要求这样做的，而是发自内心。"心怵而奉之以礼，是故唯贤者能尽祭之义"，正因有感念父母祖先的这种存心，把这种存心通过礼表达出来，才有了祭礼。所以，只有贤者才能透彻了解祭礼的意义。

《礼记·祭义》说:"祭不欲数,数则烦,烦则不敬。"祭礼不能频频举行。如果频频举行,会让人感觉太频繁而生厌烦之心。厌烦之心一旦生起,也就失去恭敬之心。"祭不欲疏,疏则怠,怠则忘。"祭祀也不能太少,如果太少,就会让人产生怠慢。怠慢心一产生,很容易遗忘父母的恩德。可见,古圣先贤确实非常有智慧,什么时候祭祀,祭祀的频繁程度,以及怎样进行祭祀,都有详细的规定。

祭祀最重要的是从内心表达出对父母的感恩之心。孔子说:"祭如在。"祭祀父母,就如同父母在自己面前一样,毕恭毕敬。"我祭则得福",通过祭祀可以把一个人的感恩心、恭敬心引发出来。"福田靠心耕",若有恭敬心、感恩心,怎么会没福?

现代人都很忙碌,一年四季没有停歇的时候,很少有机会收摄内心。我们需要把自己的心从外物上收回来,安定一下,祭祀就是收摄身心的机会。祭祀前要斋戒沐浴,使身心清净。

《论语·乡党》说:"斋必变食。"在斋戒的时候,不但不能吃肉,再好的食物也不吃,怕自己贪着滋味。古人祭祀是这样恭敬,对内收摄内心,对外还要断绝娱乐、房事等活动。要把自己的心集中在父母生前的起居住所、音容笑貌、饮食习惯、志趣爱好等事项上,尤其是父母留下来的道德精神,要发心把这样好的道德精神传承下去。这样专心地斋戒三天,就能将父母活现在心中。古人看一个人斋戒时恭敬的程度,就知道这个人思念亲人的程度。

斋戒必须恭谨,所以孔子说"我祭则得福"。如果参加祭祀是为了走形式、走过场,得福就很有限。孝子是父母在世的时候恭敬地赡养,去世后虔诚地祭祀。

总结前文的大意就是:孔子说,孝子侍奉父母,日常居家时,要

第十讲 事亲的五种孝行

竭尽恭敬；奉养父母时，要竭尽欢悦；父母生病时，要竭尽忧心；父母去世时，要竭尽哀思；祭祀父母时，要竭尽恭敬。以上五点都能完备，才真正做到了侍奉双亲。

"事亲者，居上不骄，为下不乱，在丑不争。""居上不骄"，夹注曰："虽贵为君而不骄也。"虽然贵为人君，却不骄慢。"为下不乱"，是指"为人臣下不敢为乱也"。"乱"，唐玄宗注："当恭谨以奉上也。"为人下者，是居于下位，也就是臣子、属下，应当恭敬谨慎以奉事上位者。有这种恭敬谨慎的态度，做事自然严谨、认真、负责、守程序、按规则，不马虎、不怠惰，也就不可能犯上作乱。凡是不恭敬、不谨慎，都叫"乱"。

"在丑不争"，"丑"是类的意思。侍奉双亲的孝子，处在上位谦敬而不骄慢，处在下位恭谨而不敢作乱，与同辈相处和顺而不与人争。

"居上而骄则亡"，夹注："富贵不以其道，是以取亡也。"身居富贵的位置，不能行以道义，是取亡之道。历史上很多例子表明，凡是能把国家治理好，有一定成就的君主，都居上不骄。例如,《史记》记载，周公告诫伯禽："我是文王的儿子、武王的弟弟、成王的叔父，整个天下我的地位不算低贱了。然而，我在洗头的时候，多次握着尚未梳理的头发，吃饭的时候，数次吐出口里的食物，起身去接见贤士。即使这样，还怕错过天下的贤人。你到了鲁国，千万不要仗着国君的身份看不起人、轻视人。"周公就是这样以谦敬的态度对待天下人，"周公吐哺，天下归心"。

战国时期，有个贤人叫田子方。他是孔子的弟子子贡的学生，道德学问闻名于诸侯。魏文侯慕名聘他为师，对他非常礼敬。《说苑》记载，魏文侯从中山国奔赴安邑，田子方落在了队伍后面。太子击，就是后来的魏武侯,遇到了田子方。他很有礼貌,赶快下车,快步前行到田子方车前,以示尊敬。但是田子方坐在车上动也没动,对太子击说:"请替我向国君请求,在朝歌等候我。"太子击一听,有点不高兴,就对田子方说:"我不明白是贫穷的人待人骄慢,还是富贵的人待人骄慢?"田子方说:"当然是贫穷的人待人骄慢,富贵的人怎敢待人骄慢?君主如果待人傲慢,就会亡国;大夫如果待人骄慢,就会失掉他的采邑。而贫穷的人如果不高兴,穿上鞋子离开,有什么可失去的呢?"太子击把田子方的这段话告诉魏文侯,文侯听后,叹了一口气说:"要不是你的缘故,我怎能听到贤人这番话?我用对待仁者的态度礼敬子方,所以才能和他交朋友。自从我结交上子方,君臣之间的关系越来越亲密,百姓更加归附于我,我因此才明白了与贤士交友的成效。在我要征伐中山国的时候,我以对待武士的态度恭敬地对待乐羊,结果他三年就把中山国攻下来献给了我,我因此获得了与武将交友的成效。我现在之所以没有进步,是因为我还没有遇到凭借智慧骄慢于我的人。假若我能得到这样的人,怎会赶不上古人?"由此可知,越是富贵越不能骄慢,因为骄慢,富贵不能长保。

历史上有一个赵简子的故事,赵简子很尊重贤人。有一次,他走一条崎岖的羊肠山路,群臣都下车光着膀子帮他推车,只有虎会不帮忙,他扛着戟,还唱着歌。赵简子很不高兴地说:"群臣都来帮忙推车,而虎会你却扛着戟,还唱着歌。身为人臣,侮辱君主,该当何罪?"虎会回答说:"作为人臣,侮辱君主,罪过是死而又死。"赵简子说:"什么叫死而又死?"虎会说:"首先,罪臣自己被处死,然后,罪臣的妻子和儿女受到牵连,也被处死,这就叫死而又死。"虎会接着又说:"您已经听到了臣下侮辱君主的下场,那您还想听一听人君侮辱臣子的结果吗？"赵简子问："人君侮辱臣子是什么结果？"虎会说："君主侮辱臣子，有智慧的人就不会为他出谋划策，能言善辩的人就不会为他出使其他国家，能征善战的人也不会为他作战。有智慧的人不为他出谋划策，国家就会危险；能言善辩的人不为他出使，外交关系就会搞不好；能征善战的人不为他作战，边境就会受到侵犯。"赵简子听后，觉得非常有道理，不仅没有怪罪虎会，反而拜他为上宾，对他更加敬重。

越是身居高位，越应该保持谦敬的态度，避免骄傲自大。海纳百川，才能形成人才汇聚的局面。如果自高自大，即使亲戚贤才也会弃之而去，像夏桀和商纣那样，免不了灭国亡身的结果。

"**为下而乱则刑**"，为人臣下而好犯上作乱，必然遭受刑罚，殃及自身，令父母担忧，甚至还会连累父母，让全家人不得安宁。一个人以权谋私、贪污受贿，会让父母战战兢兢，而且不知道哪一天会锒铛入狱，让父母蒙羞。就像古代的盗贼、今天的黑恶势力等，犯上作乱之人，都谈不上孝敬父母。推而广之，凡是违法乱纪，危害社会大众和民族、国家利益的人，都会令父母家人蒙羞，都谈不上孝敬父母。孝道教育真正做好，社会则少有违法乱纪的事情。

"**在丑而争则兵**"，夹注说："朋友中好为忿争者，为兵刃之道。""兵"指刀剑之类的兵器。与同辈朋友相处而喜好争斗，严重的会导致以兵刃相互仇害。特别是青壮年时期，血气方刚，要更加谨慎。孔子特别告诫，"戒之在斗"。因为争斗时，无论伤害了自身，还是伤害了对方，都会令父母担忧。

当今社会受西方价值观影响比较大，从小就教孩子竞争。西方的价值观是以自我为核心，是把外在的东西作为评价一个人的价值及是否成功的标准，也就是利己。为了获得自我利益的满足，就要和别人竞争。当竞争满足不了的时候，就会进一步升级成斗争，尔虞我诈、钩心斗角的问题就会出现。

斗争还是满足不了，就会更进一步变成战争。现在打开新闻，每天必不可少的内容就是局部冲突，甚至是战争，这是西方价值观在全世界普遍流行的结果。为了自己的利益和别人产生矛盾冲突，最后解决不了就诉诸战争。用竞争的方式获得自我利益满足的价值观，不能把人带上光明的前程，只会把人引上穷途末路。

中国传统文化以孝悌忠信、礼义廉耻、仁爱和平为核心价值。对父母有孝，对兄弟有友悌之心，把这种友悌之心向上提升，就是互爱，就是《论语》所说的"四海之内皆兄弟也"。互爱之心向上提升是互助，不仅对别人有关爱的情感，当别人遇到困难，要给予切实的帮助，就是《孟子》所说的"老吾老以及人之老，幼吾幼以及人之幼"。把这种互助互爱之心再向上提升，就是大同世界。

大同世界是"天下为公，选贤举能"的状态。天下不是一家人的天下，而是天下人的天下。"选贤举能"是说把贤德、有能力的人举荐出来作为领导者。"讲信修睦"，人与人之间讲求信用，睦邻友好。"故人不独亲其亲，不独子其子"，不仅孝顺自己的父母，也关爱他人的父母；不仅关爱自己的儿女，也关爱他人的儿女。"使老有所终，壮有所用，幼有所长，鳏寡孤独废疾者皆有所养"，老年人得到赡养，为其养老送终；壮年人能为社会所用；幼年人得到良好的教育，健康成长；鳏寡孤独废疾者（老弱病残幼），需要帮助的人都能得到照顾。这样的世界是每个人都向往的。要达到这样的美好世界，就是汤因比所说的，能够真正解决21世纪社会问题的，唯有中国的传统文化。只有中国传统文化的普遍流行，才能为世界带来和平，带来光明。

"三者不除，虽日用三牲之养，犹为不孝。""三牲"是牛、羊、豕。古人宴会或祭祀时，三牲称为"太牢"，是最高等级的供养。《孝经·开宗明义章》说："身体发肤，受之父母，不敢毁伤，孝之始也。"孝以不毁伤自己的身体为先，而"居上而骄""为下而乱""在丑而争"这三件事，都可以导致一个人亡身败家，甚至牵连父母。因此，如果不免除这三件事，即使每日对父母双亲的物质供养非常丰厚，仍然不能使父母心安，反而常常让他们忧虑、牵挂、担心，仍然是不孝。

夹注说："夫爱亲者，不敢恶于人之亲，今反骄乱分争，虽日致三牲之养，岂得为孝子？"亲爱自己父母的人，不敢厌恶别人的父母。现在反而傲慢作乱，引起纷争，虽然每天用最高级别的"三牲"供养父母，又怎能称得上是孝子？

第十一讲 "管仲论相"的智慧

早在舜的时期，皋陶就被任命为掌管司法刑狱的士，明确制定了五种刑罚，即"五刑"。《礼记》记载："罪多而刑五，丧多而服五。"丧服有亲疏的不同，罪行也有轻重的不同，因此，以"五刑"作为这一章的章名。上一章讲到"居上而骄""为下而乱""在丑而争"，这些都会招致刑罚，所以《五刑章》列于其后，阐述不孝的过恶很大，甚至是导致社会大乱的根源。

【子曰："五刑之属三千，而罪莫大于不孝。要君者无上，非圣人者无法，非孝者无亲，此大乱之道也。"】

子曰："五刑之属三千，而罪莫大于不孝。"夹注说："五刑者，谓墨、劓、膑、宫、大辟也。""墨刑"，根据郑玄注："墨，黥也。先刻其面，以墨窒之。"在脸上刺字或刻上符号，并且涂上墨。这是终生都不能去掉的，是一种耻辱。"劓"，割鼻。"膑"，去膝盖。邢昺和唐玄宗都注为"剕"，依据是《尚书·吕刑》篇对五刑的记载。《尔雅·释言》曰："剕，刖也。""刖"，断足的意思。

膑刑会让大家想到战国时代"孙庞斗法"的故事。庞涓和孙膑本来是师兄弟，他们一起学习兵法。但是，庞涓看到孙膑学得比自己好，心生嫉妒，就捏造罪名谋害孙膑。结果，孙膑被处以膑刑和黥刑，被挖去两个膝盖，并在脸上刺了字。因为嫉妒心，庞涓让孙膑成了残人，想让他一辈子再也不能翻身。后来孙膑设计复仇，庞涓兵败自刎。这是因为庞涓的嫉妒之心导致对立和仇恨，结果是自己不得善终。

很多人因为有嫉妒之心，所以不能成人之美。嫉妒他人其实对别人没有多大损害，受损的最终是自己。看到别人做善事，特别是利益社会大众的事，自己能帮助他，甚至赞叹他，随喜功德，那么别人所做的事，自己也有一份功劳，所以是一件非常好的事。例如，老师讲课很辛苦，要备很长时间的课，自己只是帮助传播、赞叹一下，这个功德就和讲课的人一样大，何乐而不为？但是，如果嫉妒别人，这种好的教育不能得以传播，过恶就非常大。

宫刑："宫，淫刑也。男子割势，妇人幽闭，次死之刑。"男人被阉割，女子被幽闭。

大辟："辟"，法、刑的意思，犯了大法。"大辟"就是死刑。

"五刑之属三千，而罪莫大于不孝。"《周礼》记载，五刑中的每一刑，下面具体的罪行都有五百条，共两千五百条。后来周穆王命吕侯为司寇，让他依据夏朝的法律，增轻删重，变成三千条。《尚书·吕刑》记载："墨罚之属千，劓罚之属千，剕罚之属五百，宫罚之属三百，大辟之罚其属二百。五刑之属三千。"在三千条罪行中，没有比不孝的罪行更大的。在古代，不孝的罪名一旦成立，必判死刑。

例如，清朝有一个儿子杀了父亲，儿子被处死。不仅如此，县令还被撤职查办，巡抚连降两级，因为他们身为父母官，应该起到"君亲师"的作用，但是没有把民众教导好，导致犯下了这样的罪行，这是不称职。不仅如此，皇帝还下令，把这个县的城墙拆掉一个角。一个县出了这样大逆不道的人，是这个县所有人的耻辱。这样的规定、刑罚一出，就让所有人都起了警诫之心，起到教育的效果。

"要君者无上，非圣人者无法，非孝者无亲，此大乱之道也。""要君者无上"，《郑注》："事君，先事而后食禄，今反要君，此无尊上之道。"意思是：奉事君主，应该先尽忠职守，然后才获取俸禄，现在反而要挟君主，这是丧失了尊敬长上之道。要挟一般人都不可，更何况要挟的是一国的君主，这更是犯上、无上。

秦始皇死后，赵高发动了"沙丘政变"，他与丞相李斯合谋伪造诏书，逼迫秦始皇的长子扶苏自杀，又另立秦始皇的幼子胡亥为帝，赵高自任郎中令。他在职期间独揽大权、结党营私，征收徭役更加繁重，政治更加苛暴。为了报私仇，他杀害、陷害了很多人。他怕大臣们到朝廷报告政务的时候揭发他，于是对秦二世说："天子之所以尊贵，是因为群臣只能听到天子的声音，而见不到天子的面，所以称为朕。而且陛下年纪尚轻，未必对一切事情都很熟悉，如果坐在朝堂上听群臣奏事，有赏罚不当之处，会把短处暴露给大臣，这样就不能向天下人显示您的圣明。而陛下深居宫中，大臣们奏事，有我和内侍中熟悉法令者一起研究处理的办法，这样天下就会称您为圣主。"秦二世采纳了他的建议，从那以后就不再坐朝接见大臣，经常住在宫里。赵高侍奉左右，掌握大权，很多事情都由他来决定。

公元前208年，赵高设计害死了丞相李斯。李斯死后，秦二世任命赵高为中丞相，大小事情都由赵高来决定。有一次赵高向秦二世献上了一只鹿，说它是马。秦二世说："这是鹿啊！"没想到身边的人都纷纷说："这是马。"秦二世非常惊骇，怀疑自己神经错乱，把太卜招来，叫他给自己卜卦。太卜说："陛下每年春秋祭祀祖宗鬼神，斋戒不虔诚，所以才导致这个结果。可以按照圣明君主的做法虔诚地进行一次斋戒。"于是，秦二世就到上林苑进行斋戒，每天在苑中游玩打猎。有一个过路人走进上林苑，秦二世居然亲自射杀了他。这时候，赵高又劝说秦二世远离皇宫去祈福消灾。于是，秦二世离开皇宫，住进望夷宫。在望夷宫住了三天，赵高就胁迫秦二世自杀。赵高就是"要君者无上"的典型例子。

后来，赵高又立秦二世哥哥的儿子公子婴为秦王。先让子婴斋戒，然后准备到宗庙参拜祖先，接受君王的印信。斋戒五天后，子婴装病不去，赵高不得不亲自前往，说："国家大事，大王为何不去？"这时，子婴趁机杀了赵高，诛灭三族。三族就是父族、母族和妻族，在咸阳示众。

作为臣子，应该竭忠尽智辅佐君王。古代的忠臣都是犯颜直谏，看到君主有过失，即使冒着生命危险，也要劝他改正过失。但是赵高不仅没有劝谏，反而一再地误导君王，加重他的罪过，这是出于一己私利，目无君长。结果不但自己被杀，还连累了三族的亲属，确实是大不孝。一个家族出现这样犯上作乱的要君者，是家族的不幸。所以"要君者无上"。

"非圣人者无法"，"非"当动词，反对的意思，另一种解释是诋毁。"非侮圣人者，不可法"，夹注说，反对、侮辱圣人的人不可效法。唐玄宗注解："圣人制作礼乐，而敢非之，是无法也。"圣人通晓天道，制礼作乐，把自然天道渗透在礼乐中，用礼乐来引导和教化人，有人却敢反对或者诋毁圣人，没有法则意识，无法无天。圣人通过观察天地自然和社会人文关系的规律，而设计了礼法。按照礼法去做，自然昌达幸福；违背礼法，自然衰败灭亡。

《论语》记载，颜渊问仁，孔子回答："克己复礼为仁。"颜渊说："请问其目。"子曰："非礼勿视，非礼勿听，非礼勿言，非礼勿动。"意思是，凡是不符合礼的，不要去看，不要去听，不要去说，更不要去起心动念，"动"是起心动念。凡是不符合礼的，连起心动念都不可以。古圣先贤观察天地人伦的关系，把维持良好的人际关系必须遵守的大道概括为五个方面，称之为"五伦大道"，即父子有亲、君臣有义、夫妇有别、长幼有序、朋友有信。按照五伦大道去做，会昌达兴盛；违背五伦大道，就会出现种种矛盾和社会问题。

首先看父子有亲。父母爱儿女，儿女爱父母，他们之间有一种自然而然的亲情。这种自然的亲情并不是圣人规定的，而是本来如此。怎样顺着这种自然亲情去做？圣人观察，只有父母慈爱儿女，儿女孝敬父母，父子之间的亲情才能维系一生而不改变。所以，父母要做到慈爱子女。

父母要尽到三个责任，即"君亲师"，要领导、率领，要关爱，还要教导儿女。否则，就是"爱之不以道，适足以害之也"。爱儿女并不是像现在很多父母那样，一味地满足儿女的欲望，儿女要什么就满足什么。例如，圣诞节孩子喜欢吃的、喜欢玩的、喜欢穿的，是应有尽有、毫不吝惜；儿女想到哪里去度假，父母就带着儿女去哪里，不惜花费钱财。久而久之，儿女就会习惯成自然，认为父母的付出是理所当然，而没有感恩之心。还有很多父母，赚了很多钱，自己却舍不得花，想留给儿女。但是中国古人讲："贤者多财损其志，愚者多财生其过。"儿孙本来很贤德，可以靠着自己的能力去创造事业、打拼天下，但是，由于父辈、祖辈留下很多房子、很多财产，儿孙觉得我都这么有钱了，还努力奋斗干什么？这就把儿孙的志给折损了。如果儿孙是愚者，本来就很愚钝，没有智慧，你又把很多钱留给他，他就会骄奢淫逸，增长过失。所以，无论孩子有没有德行、有没有能力，把钱留给他，都是有百害而无一利。所以，慈爱更重要的是以正确的圣贤教诲来引导儿女，让他们走上光明大道，这是对儿女真正的慈爱。

历史上"子孝"的例子很多，例如"二十四孝"之首的舜。后母、弟弟三番五次要置他于死地，但是他并没有怀恨在心，反而总是反省自己的不足。后来，他凭着智慧和德行，终于感化了后母、感化了弟弟，也感化了天下百姓。大舜被放在"二十四孝"之首，意思是连这样的后母都能被感化，更何况是对自己有求必应、对自己非常关爱的生身父母？如果连生身父母都不能感化，"德未修，感未至"，说明自己的德行修养还不够，还不能达到至诚感通。

因此，传统文化最重要的核心是仁爱之心，"仁者爱人"。既然爱人，就不能与人对立，更不能去恨人。古人把"仁"称为"一体之仁"，"我"和父母、兄弟、他人是一体的，甚至和天地万物都为一体。王阳明说："夫大人者，以天地万物为一体者也。"这就是圣贤人、开悟的人、了解宇宙人生的人告诉世人的真相。大舜的故事告诉大家，可以通过至诚的德行感化敌对的一方，化敌为友。

"二十四孝"中还有很多类似的例子，例如闵子骞。闵子骞的亲生母亲在他年幼时过世，父亲为他找了一个后母，后母又生了两个孩子。后母非常偏心，寒冬腊月，用很暖和的棉花给自己的两个儿子做棉衣，给闵子骞做棉衣却用芦花。棉衣看起来很厚，实际上并不保暖。

有一次，闵子骞和父亲一起外出，因为冻得瑟瑟发抖，没有把车驾好。父亲不明所以，盛怒之下，一鞭子抽在闵子骞的身上，把棉衣给抽破了，芦花都跑了出来。这时父亲才知道，儿子所穿的是芦花做的棉衣。他非常生气，回家后要把妻子休掉。但是，闵子骞反而跪在地上为后母求情，乞求父亲不要休掉后母。他说："母在一子单，母去三子寒。"把母亲给休掉，我们三兄弟都要挨冻。如果母亲在，只有我一人挨冻而已。他的德行感化了后母，从此，一家人过上和睦幸福的生活。

由此可知，"人之初，性本善"，虽然心性被蒙蔽很久，染污得很严重，但是有机缘受到圣贤教诲，把良心给启发出来，是可以教得好，可以化解仇怨的。之所以能化敌为友，靠的不是对立，不是你踢我一脚，我一定打你一拳。这叫冤冤相报，没完没了，彼此都痛苦，怨仇还越来越深，是不能解决问题的。自己踢了别人一脚，就要防备别人再打过来一拳，会活得战战兢兢、提心吊胆，没有理得心安。中国人讲"一体之仁"，所以，中国历史上几乎从来没有主动侵略过别的国家，中国人崇尚"以和为贵"，相信"好战必亡"。

五伦还要求"君臣有义"，"君"是领导者，"臣"是被领导者。"君仁臣忠"，领导者要仁爱、关心下属，下属要竭尽全力完成领导者交给自己的任务。

《孟子》讲："君之视臣如手足，则臣视君如腹心。"领导者对被领导者像自己的手足一样加以关爱，被领导者的回馈是对领导者更加关爱，把领导者当成自己的心腹一样重视。

《群书治要·体论》讲："色取仁而实违之者，谓之虚；不以诚待其臣，而望其臣以诚事己，谓之愚。虚愚之君，未有能得人之死力者也。故书称君为元首，臣为股肱，期其一体相须而成也。"这段话是讲怎样赢得臣子的忠心。表面上仁义，实际却相违背，这叫虚伪；对待臣属不真诚，却希望臣属真诚地奉事自己，这叫愚昧。虚伪愚昧的君主不可能得到愿为他舍生忘死的臣属。《尚书》说，君主像是人的头，而臣属像人的胳膊和大腿，君臣成为一个整体，相互配合，国家才能大治。这是古圣先贤教的得臣子之心的方法，君主必须以真诚来对待臣属，这样才能换得臣属的以诚相待。

《说苑》记载，齐桓公为了称霸天下，想让管仲辅佐他。管仲说："身份低贱的人不能统治身份高贵的人。"于是，桓公拜他为上卿。但是，国家仍然没有治理好，桓公问管仲原因。管仲说："贫穷的人不能指使富裕的人。"于是，桓公把齐国市场上一年的赋税都赐给了管仲。但是，国家仍然没有治理好，齐桓公又问管仲原因。管仲说："关系疏远的人不能管理关系亲密的人。"于是，桓公尊管仲为"仲父"，以侍奉父亲的礼节来礼敬管仲。终于，齐国得到治理，齐桓公成为"春秋五霸"之首。

孔子听说这件事，评论说："即使是管仲这样的贤德之才，没有得到这三种权力，也不能使他的君主南面而称霸。"中国古代以北为正、为尊，因此，首领们都是朝南而坐，称王称霸通常称为"南面而王"，也称为"向明而治"。桓公之所以得到管仲尽心尽力的付出，是因为他信任管仲。只有得到充分信任，管仲才能真心付出，并直言不讳，帮助桓公弥补自身的不足，得到天下的尊重和认可。

《群书治要·中论》说："故明主之得贤也，得其心也，非谓得其躯也。"明智的君主得到贤才是得到他的心，而不是得到他的身。要得到贤才的心，关键是用真诚心。有贤德之士在身边，却不重用他，他也不能竭尽全力地发挥自己的才能。这叫"君仁"。

"臣忠"的"忠"字，朱熹释："尽己之谓也。"作为属下，竭尽全力完成领导交给自己的工作任务，就是尽到了忠心。

《荀子·臣道》讲："不恤君之荣辱，不恤国之臧否，偷合苟容以持禄养交而已耳，谓之国贼。"作为臣子，既不体恤国君的荣辱，也不顾及国家的安危，一味迎合，结交权贵，以苟且容身、保持官位和俸禄，这样的人被称为"国贼"。如果为官者尸位素餐，避事、躲事、无所作为，一定为社会大众所不齿和谴责。

纪晓岚在《阅微草堂笔记》中记载了这样一个故事：北村有一位

叫郑苏仙的人，做梦来到地府，看到阎王正在审查新到的人。这时，有位身着官服的人颇有气势地走进大殿，自称为官所到之处只喝百姓的一杯水，一生无愧于天地鬼神。阎王听了，笑着说："设立官制是为了治理国家、造福百姓。要说不收百姓钱财的就是好官，那立在公堂上的木偶，它连水都不喝一口，不是比你还廉洁？"这人听了仍然辩解："我虽然没有什么功劳，但也无过。"阎王说："你一生所求，不外乎保全自己。审判案件时，你为了避嫌，没敢说话，岂非有负于民？办理百姓之事，你怕麻烦，没有上报朝廷，岂非有负于国？官员的政绩应该怎么看？无功便是过。"这人听了，似有所悟，锋芒顿减。作为臣子，必须有所担当，有所作为，这才是为人臣的基本素养。

古代的臣子竭忠尽智到什么程度？历史上有"史鱼尸谏"的故事。卫国有位贤德的人叫蘧伯玉，他德才兼备，卫灵公却不任用他。弥子瑕无德无才，反而受到重用。史鱼极力劝谏，卫灵公却没有采纳。史鱼去世时特意嘱咐儿子："我在朝廷为官，未能使蘧伯玉入朝为官，也未能罢免弥子瑕。作为大臣，我没有尽到匡正君主的责任。我活着不能匡正国君，死后不能以正常的礼仪安葬。我死后，你将我的尸体放置在窗户之下，对我而言已经足够。"儿子依言照办。当卫灵公来吊唁的时候，看到这一幕，问是什么原因。儿子将父亲的话告诉卫灵公，卫灵公听了愕然失色，他说："这是寡人的过错！"于是，下令按照宾客的礼仪安葬史鱼，并且听取史鱼生前的建议，提拔重用贤人蘧伯玉，罢免佞人弥子瑕，并疏远了他。

孔子评论说："古代极力进谏的人，到死也就结束了，没有像史鱼这样死了还要借着尸体来进谏的。他的行为感化了国君，怎能不称他正直？"像史鱼这样，即使到了生命的尽头，仍然不忘尽忠职守。这种忠义，这种担当的精神，正是为官者受人爱戴的重要原因。

孟子说："何必曰利？亦有仁义而已矣。"很多人觉得儒家讲义利观，不讲利益只讲仁义，恐怕只有少数圣贤人才能做到，这样的义利观并不能广泛地适用于广大民众。实际上，所谓圣贤，无非是按照自然而然的天道去行事。圣贤按照天道来教导人，"顺天者昌，逆天者亡""得道者多助，失道者寡助"。为官者，如果不以个人私利为出发点，讲求仁义、责任、担当，结果往往会实现个人利益和国家长远利益的双赢。相反，为了追求个人私利而不择手段，结果不仅损害了国家和人民的利益，也不能实现个人的长远利益。所以，圣贤人所讲的是光明大道，一定对自己的长远幸福、成功有帮助。

五伦中的"夫妇有别"，"别"字并不是身份和地位上的差别，而是在职责上有分工，男主外，女主内。特别是在古代农业社会，创造经济收入主要由男子来承担。一个家庭除了要有经济收入，使家人衣食无忧之外，还有一个重要的职责是生养、教育儿女。教育儿女的责任无比重大，不能推给别人，这就要求做母亲的有良好的德行，如此才能言传身教。

根据夫妻职责上的分工，要求做丈夫的有恩义、有道义、有情义。丈夫在外面工作，不能见异思迁，这是不符合道义的。做妻子的要有良好的德行。这就是夫义妇德。

讲到夫义，一定能想到"糟糠之妻不下堂"的典故。这个典故讲的是东汉时期，汉光武帝的宰相宋弘的故事。光武帝的姐姐湖阳公主守寡，光武帝给姐姐说媒，特意问姐姐："朝廷之中你喜欢谁，我去给你说。"湖阳公主说得很委婉，她说："我看宋弘这个人有道德，又有学问。"光武帝知道，姐姐看中了宋弘。

为了给姐姐说媒，光武帝特意请宋弘吃饭。君臣畅饮间，光武帝说："我听说一个人有了财富就要换朋友，一个人有了地位就要换家室。我有一个姐姐，年轻貌美又温柔贤惠。"听到这儿，宋弘明白了皇帝的意思，饭吃不下去了。他起身向皇帝行礼："我听说的道理和您听说的有所不同，我听说贫贱之交不可忘。"皇帝从小是读圣贤书的，他说："对，这贫贱之交确实不能轻易地遗忘。"这句话把皇帝的正气给提了起来。宋弘接着说："糟糠之妻不下堂。"和自己同甘共苦过的妻子，又没有什么过失，不能随意地把她遗弃，这不符合道义。光武帝也明白了宋弘的心意，就没再勉强。

　　这句话传开来，端正了朝野夫妻之间的关系。不仅如此，这句话一直流传到现在，仍然是很多人立身处世、待人接物的原则。一个人立身行道，不仅影响自己的家人，而且影响世世代代。这是真正的读书人，能做到见利思义、见得思义。

　　宋代有一个读书人叫刘庭式，他和邻居家的女子订了婚，没有举办婚礼就去了太学。五年后中了进士，衣锦还乡，但是那个女子却双目失明。女子的家人很通情达理，主动提出："你现在考中了进士，我们家的女儿却成了盲人，且家道衰落，门不当户不对，不如这桩婚事就作罢。"但是刘庭式非常守信用，坚持要娶这个女子过门。女子过门后，对刘庭式非常感恩，把他照顾得很好。他们生了两个儿子，并且都考中了进士。后来刘庭式到高密去做通守（太守的副手），当时的太守是苏轼。其间，他的妻子不幸因病过世。刘庭式思念自己的妻子，想起妻子对自己点点滴滴的付出，哭得很伤心。苏轼劝他说："我听说人是因为美色才生起情爱，因为情爱才会有伤痛的感受，但是你的妻子不是美人，还是一个双目失明的盲人，你有什么哀伤可言？"刘庭式一听，止住了哭泣，说："我所哀伤的是我失去了一个和我同甘共苦的妻子，我并没有想到她的双目是失明的。如果真的如你所说，人是因为美色才生起情爱，因为情爱才有伤痛的感受，那么，每天在大街小巷挥着袖子、手绢勾引你、诱惑你、挑逗你的那些红尘女子都长得很美，你愿意娶她们做妻子吗？是不是她们每个人都可以做你的妻子？"苏轼听了，感到非常惭愧，更加感佩刘庭式的德行。

由此可知，让两个人天长地久的并不是欲望，也不是美色，而是那份在生活中点点滴滴的付出，是长期相互陪伴中积累起来的恩义、情义和道义，一想起来就会让人非常感动。这就叫"以道交者，天荒而地老"。正是这种恩义、情义、道义，才让人彼此珍惜，执子之手，与子偕老。

古代这些读书人，圣贤书是真正地读懂了，一生做人问心无愧。夫妇之间如果是彼此贪图美色，满足一时欲望，结果往往是幸福三分钟，痛苦一辈子。欲望重的人忽视身边人的感受，恩义、情义、道义必然淡漠，看不到周围人的需要，感受不到周围人的伤痛。这样的人，人生会越走越空虚。一路走来，为了欲望，为了美色，会伤害对自己有恩的人、为自己付出的人，走到最后，可能只剩下自己一个人茫然。

关于妇德，历史上的故事也是数不胜数。《德育故事》记载，宋朝有一个女子叫崔少娣，嫁到苏家去做媳妇。丈夫弟兄五个，她嫁过去的时候，前面已经有四个嫂嫂，家里不和睦，吵闹的事情经常发生。崔少娣最初嫁到苏家，别人都很替她担忧，但是崔少娣对待四位嫂嫂非常有礼貌。看到她们有需要时，就把自己的东西送给嫂嫂；婆婆差遣嫂嫂们料理家务时，崔少娣每每争先去做。她说："我是最后来的媳妇，应该格外效力。"嫂嫂们没有吃饭，她从来不肯先吃。有时听到嫂嫂们的怨言，总是笑着一句话也不说。底下的人搬弄是非，她用家法处理；年幼的侄子把尿尿到她的衣服上，她也没有一点可惜衣服的意思。就这样，她做了一年多的媳妇，四位嫂嫂都被感化了，忏悔说："五婶是个大贤大德的人，我们和她相比，真不是人。"从此以后，全家和睦相处。

有些人看了《德育故事》，觉得古人很傻，他们那样做很吃亏。其实，真切地看到最后，会发现"吃亏是福""人欠你，天会还你"。把时间拉长，在历史的长河中，被后人赞颂的古圣先贤，他们的人生走到最后，很充实，感受到的是彼此的深情厚谊，还有家庭幸福。

与之相对地，中国又有句话："自古红颜多薄命。"红颜貌美，经常面对来自四面八方的诱惑，但是处置不当。今天跟这个好，明天跟那个好，最后没有一个是真心付出的，都是因为美色而来，因为欲望而来。美色总会失去，有一天容颜不再，"花落而爱渝"，爱也会终止。说到底，人与人之间能长久交往，一定建立在恩义、情义和道义的基础之上。

女子的德行还体现在助夫成德。《坤卦》的象辞讲："至哉坤元，万物资生，乃顺承天。"这句话是引导女子应该"顺承天"，顺从自己的丈夫，成就自己的丈夫。当然，并不是什么都顺从，前提是"夫义"，做丈夫的有道义、恩义、情义。如果丈夫不义，做错事，女子也不能一味顺从。

历史上，班婕妤就是很好的例子。班婕妤在成帝刚刚继位的时候被选入后宫。一开始做少使，很快得到成帝宠爱，被封为婕妤。有一次汉成帝在后宫游玩，打算和班婕妤同乘一辆车子，结果班婕妤推辞说："臣妾观察自古以来的画作，圣明的君主身旁坐的都是有名的大臣，只有夏商周三代的亡国之君，身边才有受宠的女子。陛下若是与我同乘一辆车，不就和那些亡国之君差不多？"成帝觉得她讲得很有道理，也就不再勉强。太后听了这件事，赞叹说："古时楚国有一位樊姬，现在又有班婕妤。"

班婕妤喜欢诵读《诗经》《窈窕》《德象》《女师》等。每次被成帝召见或上疏言事，都能按照古礼行事。后来，赵飞燕诬陷许太后、班婕妤等人不行妇道，曲媚皇帝，还说班婕妤祝告鬼神，使之降祸于后宫，甚至还谩骂皇上。许太后因此被废。当汉成帝审问班婕妤的时候，班婕妤说："臣妾听说死生有命，富贵在天。善良正直尚且没有得到福分，做那些邪僻之事又想得到什么？假如鬼神有知，不会接受丧失为臣之礼的祷告；假如鬼神无知，向它们祷告就不会起任何作用。所以，我是根本不会做这种事情的。"汉成帝一听，觉得她说得在理，更加怜惜她，不仅没有怪罪于她，还赏赐很多黄金。女子有德行，又饱读诗书，深明大义，能化解自己的灾难，也带来国运的昌盛。这就是"夫义妇德"。

"长幼有序"。一家的兄弟姐妹有自然出生的顺序，做兄长的要友爱、关心、帮助弟弟妹妹，做弟弟妹妹的要恭敬兄长。"友"字在古时写作两只手互相搀扶，意思是弟弟妹妹有了困难，做兄长的要去帮助，这是天经地义的事，不需要讲什么条件。

古人讲，兄友弟恭。兄弟姐妹是骨肉一体，谁也离不开谁，所以彼此之间要相互尊重、相互关心、相互友爱。《弟子规》有几句话，处理兄弟之间的关系特别合适。"财物轻，怨何生"，把财物看得淡一点，把兄弟骨肉之情看得重一点，怨气又怎么可能产生？又怎么会因为财产分配而吵上法庭？"言语忍，忿自泯"，言语上互相忍让一句，忿忿不平的心自然会平息。

《朱子治家格言》说："居家戒争讼，讼则终凶。"兄弟姐妹在一起过日子，最忌讳的就是起争讼，把彼此送上法庭。即使官司赢了，因为心量狭窄，连兄弟姐妹都不能宽容，家道也必定衰落。古人说"讼则终凶"，说得如此肯定，看到一家兄弟姐妹打官司，就能判断他们的家道一定衰落。"量大福大"，一个人的心量越大，福报也就越大。"观德于忍，观福于量"，看一个人有没有德行，就看他能不能忍让；看一个人有没有福气，就看他的心量有多大。对兄弟姐妹都不能包容，说明心量狭窄到了一定的程度，前途也会无望，有什么福报可言？所以，古人看到兄弟姐妹起了争讼，就知道他们的家道一定衰落。

古人把兄弟之情称为"手足之情，骨肉之情"，历史上有很多"悌"的故事感人至深。《德育古鉴》有一个"诚感让田"的故事，讲的是施佐和施佑兄弟俩，辞官回到家乡，因为田产的问题起了纷争，互不相让，结果结了怨仇，亲友们劝解也没有用。他们的同乡有一个叫严凤的人，以孝敬父母、友爱兄弟而著称。有一天，施佑见到严凤，把自己和哥哥争田产的事情告诉了他。严凤听了，皱着眉长叹一声说："可惜，我的兄长身体太弱，如果他能像你的哥哥那样强壮有力，尽管把我的田产拿去，我还有什么可焦虑的？"严凤说到这里，想起自己的哥哥，不禁哭出声来。施佑被深深地感动，于是请严凤跟他一起到哥哥那里，向哥哥道歉。施佑向哥哥礼拜时，泣不成声，非常后悔，不该和哥哥争田产。哥哥也非常感动，兄弟二人都愿意把田产让给对方，并从此互敬互爱。严凤力行孝道、悌道，正是他那种发自内心的对手足的友爱之情感动了乡人，感动了施佐、施佑两兄弟，不再为田产而争。

第十一讲 "管仲论相"的智慧 | 165

古人特别强调兄弟姐妹之间的深情厚谊。法昭禅师写了一首诗："同气连枝各自荣，些些言语莫伤情。一回相见一回老，能得几时为弟兄。弟兄同居忍便安，莫因毫末起争端。眼前生子又兄弟，留与儿孙作样看。"

"同气连枝各自荣，些些言语莫伤情。"兄弟姐妹就像一棵大树长出了不同的枝杈，叫"同气连枝"；等他们长大，各自都有发展，"各自荣"。"些些言语莫伤情"，千万不要因为言语不忍让，伤害了手足之情、骨肉之情。"一回相见一回老，能得几回为弟兄。"上了年纪的人会有这样的感受，每逢过年过节，兄弟姐妹相聚在一起，突然发现哥哥姐姐的头上多了几根白头发，脸上多了几道皱纹。确实是"一回相见一回老"，骨肉之间还有多长时间能守护在一起，相互关心、相互照顾、相互呵护？

"弟兄同居忍便安，莫因毫末起争端。"兄弟姐妹相处，只要守住一个"忍"字，便相安无事，千万不要因为芝麻大的一点小事就起争端，甚至吵上法庭。

"眼前生子又兄弟，留与儿孙作样看。"兄弟姐妹各自长大，成家立业，有了自己的儿女，他们也成为兄弟姐妹。如果上一代做到兄友弟恭，就为下一代做了好的典范，子孙也能学到兄弟姐妹之间如何相处。

这首诗让大家感受到兄弟姐妹之间的深情厚谊。我们还可以从父辈、祖辈的身上看到传统文化的影响，看看自己的父母、爷爷奶奶是怎样对待兄弟姐妹的，兄友弟恭还体现在他们身上。

"朋友有信"。"同门曰朋，同志曰友"，在社会上与人交往，必须守住"信"字。"信"是一个"亻"，加一个"言"，"人言为信"，意思是人必须守信用。

《后汉书·范式列传》记载，范式年轻的时候与张劭同在洛阳太学读书，两个人志趣相投，结为朋友。学成之后，他们准备回家，分别时彼此依依不舍。范式对张劭说："兄弟，两年后的今日，我一定去你家拜望老人，与你聚会。"两年很快过去，眼看约定的时间就要到了，张劭让母亲准备酒菜，打算好好招待范式。母亲劝他说："范式的老家山阳郡，离咱们家有一千多里地，而且又过了这么久，已经快两年了，他不一定会来。"张劭却非常肯定地对母亲说："范式是一个极为守信的人，他一定会来。"张劭的母亲看儿子如此肯定，对范式如此信任，就去准备酒菜。等到两人约定的那一天，范式果然如期而至，没有忘记当年许下的诺言。两人一起进入正厅，拜见张劭的母亲，尽情欢饮，然后分别。

后来张劭去世，临终之前，嘱咐太太："我死后，我的朋友范式会照顾你们，他是我的知心朋友，很值得依托。"等到要埋葬的时候，棺木怎么也抬不动。张劭的母亲非常了解儿子，就问："难道是因为范卿没有来，你觉得心事还没了？"而这时范式做梦，梦到张劭对他说，他马上要离开这个世间。范式梦醒后以最快的速度赶过来，要送他的知心朋友最后一程。张劭的母亲话音刚落，就听到有急匆匆的马蹄声传来，有个人身着素衣，穿着丧服，坐着马车赶过来。张劭的母亲一看，说："莫非是范卿到了？"范式到了，安慰张劭说："你放心走就好，我一定会照顾好你的家人。讲完了，你也该启程了。"说完，棺木果然就可以抬动了。这就是古时朋友之间的信义，虽然远隔千里，也会快马加鞭去送朋友最后一程，还要问候朋友的母亲，"省其亲"；保护朋友的家亲眷属，"护其眷"；"葬其身"，把朋友安葬好，办理好后事，

第十一讲 "管仲论相"的智慧

然后才离开。这就是"朋友有信"。

《德育古鉴》中有很多关于孝悌忠信礼义廉耻等五伦八德的故事。从中可以看到，人只有顺着五伦大道去做，才会昌达兴旺；如果违逆五伦大道，就会衰败灭亡。

每个人都希望自己的人生幸福美满，成功快乐，但是，如果不学习圣贤教诲，把圣贤教诲批评得体无完肤，按照自己的想法为人处世、待人接物，还自以为聪明，结果会是聪明反被聪明误。孩子教育不好，夫妻关系处理不好，领导者与被领导者之间不信任，各种问题层出不穷，甚至还出现儿女伤害父母、父母不教育儿女的现象。这就是古人所说的"人弃常，则妖兴"，如果没有圣贤人把五伦大道、五常八德表演出来，结果就会人不像人，乱象层出不穷，社会难以安宁。所以，圣贤人应该特别受到尊重，圣贤教育应该大力提倡。

"非孝者无亲。"夹注说："己不自孝，又非他人为孝，不可亲。"意思是，自己不孝父母，又反对他人孝顺父母，这种人不可亲近。"近朱者赤，近墨者黑"，与这样的人交往，潜移默化，往往不知不觉会受到影响，成为一个不忠不孝的人。这样的人连父母都不能孝敬、感恩、报答，必然以利害之心为人处世、待人接物，结果是"以利交者，利尽而交疏"。中国有句话说，"诸事不顺因不孝"，很多事情不顺利，归根结底，就是因为不孝父母。唐玄宗注解说："善事父母为孝，而敢非之，是无亲也。"好好侍奉父母是孝，然而却有人反对，这是心中没有父母。

"非孝者无亲"，这会让大家想到"管仲论相"的故事。管仲生病了，桓公去探望，说："仲父的病变重，万一发生不幸，有什么话要告诉我？"管仲说："臣希望您能疏远易牙、竖刁、堂巫、公子开方。易牙以烹饪来侍奉您，您说：'唯有婴儿的肉没有尝过。'结果，易牙把他的长子蒸了呈献给您。就人情而言，人没有不爱自己儿子的，易牙对自己的儿子都不爱，怎么会爱您？您喜爱女色，但是女人之间互相嫉妒，竖刁自施宫刑来替您管理内宫。就人情而言，人没有不爱惜自己身体的，竖刁对自己的身体都不爱惜，怎么会爱您？公子开方侍奉您十五年，未曾回家探望父母，他连父母都不爱，怎么会爱您？"桓公听他讲得很有道理，说："好。"

管仲去世后，桓公憎恶这四个人，罢免了他们的官职。驱逐了堂巫，桓公生起病来，缺少人医治；驱逐了易牙，很多美味吃不到了；驱逐了竖刁，内宫变得秩序混乱；驱逐了公子开方，朝政得不到治理。桓公说："原来圣人也有弄错的时候！"就恢复了四个人的官职，结果过了一年，四人作乱，把桓公囚禁，不能与外界沟通。这时，桓公后悔地说："唉，死后如果有知，我有什么面目到地下去见仲父？"于是，拿白布包头而死。死后很多天，尸虫爬出户外，人们才知道桓公已死，用木板掩盖了他的尸体，草草下葬。

易牙可以杀子奉君王；竖刁可以自残以求荣；公子开方可以绝亲以干政。这些人都是忘恩负义、见利忘义之人。特别是开方，和父母诀别，十五年都没有回去看望，为的是求得俸禄，求得荣宠。这样的人不可亲近，这样的人心目中没有父母，没有恩义、道义、情义。

奉事君主不忠诚，侮慢圣人之言，反对孝敬父母，"此大乱之道也"。"事君不忠，侮圣人言，非孝者"是大乱之道。唐玄宗注："言人有上三恶，岂唯不孝，乃是大乱之道。"如果有以上三种罪恶，不忠于君，不法于圣，不爱于亲，不仅是不孝，还是导致社会大乱的根源，罪莫大焉！

第十二讲　道德教育的三个重点

这一讲学习《孝经·广要道章》。上一讲《孝经·五刑章》阐明了不孝之人罪大恶极，以及要挟君主、反对圣人等导致天下大乱，为礼法所不许。要避免这些社会问题，就要广泛地宣讲孝道来进行教化，转恶为善。

《孝经》第一章《开宗明义章》简略地讲到孝为至德要道，没有详细展开，这一章延展开来论述，称为"广"。这一章是《广要道章》，下一章是《广至德章》。"要道"在"至德"前面，是因为必须靠道来施行教化，教化盛行，德行才能彰显，表明道与德是相辅相成的。这一章广宣政教的"要道"，讲如何进行教化才能事半功倍、立竿见影、深入人心，达到预期的效果，避免道德教育成为空中楼阁，流于空洞的说教。这一章对于当前提高思政课的针对性、有效性非常有启发。

【子曰："教民亲爱，莫善于孝；教民礼顺，莫善于悌；移风易俗，莫善于乐；安上治民，莫善于礼。礼者，敬而已矣。故敬其父则子悦，敬其兄则弟悦，敬其君则臣悦，敬一人而千万人悦。所敬者寡，悦者众，此之谓要道也。"】

子曰："教民亲爱，莫善于孝；教民礼顺，莫善于悌。"这一句讲的是德行培养的次序。《孝经·开宗明义章》讲道："夫孝，德之本也，教之所由生也。"孝是培养一切德行的起点和基础，一切道德教化都是在孝的基础上建立起来的。孝为德之始，悌之德次之。从孝开始，然后到悌，是德行培养的次第。一讲到孝，有些人就认为是愚昧的、落后的、封建的，实际上，孝是德行的根本。

之所以说孝是德行的根本，是因为孝悌忠信、礼义廉耻、仁爱和平等其他德目，都是从孝产生的。例如悌道，《弟子规》说"兄弟睦，孝在中"，对兄弟的友悌也是从对父母的孝生出的。父母希望儿女们成长、成才，如果有一个孩子吃不饱、穿不暖，父母都会非常牵挂。所以，兄长帮助弟弟妹妹，与弟弟妹妹和睦相处，就是对父母的孝。

再如"忠"，《弟子规》说："亲所好，力为具。"子女如果能有这种忠心，竭尽全力地赡养父母，走到工作岗位，对领导交给自己的工作任务也会竭尽全力地完成。

《弟子规》说："亲有过，谏使更。"当父母有过失，不是一味地讨好父母、顺从父母、谄媚父母，而是合理地劝谏，使父母改过。如果把这种态度用于奉事领导，当领导有过失，作为属下也会想方设法地尽到劝谏的义务，这才是尽到忠心。

"礼"，《弟子规》说："晨则省，昏则定；出必告，反必面。"子女关心父母，并养成习惯，对待师长、对待一切和自己有缘的人，也会特别讲究礼。

"义"，《弟子规》说："丧三年，常悲咽。"父母过世，三年还经常想着父母的恩德，常常思念父母，缅怀父母的德行。久而久之，会形成恩义、道义、情义的处世原则。所以，义是从孝养父母培养起来的。

"廉"，《弟子规》说："物虽小，勿私藏；苟私藏，亲心伤。"物品不私藏起来自己享用，这种做法形成习惯，为官就不会随便贪占公家的东西。

"耻"，《弟子规》说："身有伤，贻亲忧；德有伤，贻亲羞。"自己品德上有损伤，会让父母跟着蒙羞。一个人能时刻想着自己的所作所为不让父母蒙羞，一言一行、一举一动都会小心谨慎，做官也不会违法乱纪、贪污受贿。

第十二讲 道德教育的三个重点 | 171

"仁爱",《弟子规》说:"事诸父,如事父;事诸兄,如事兄。"把对父母的孝敬推而广之,对待其他长辈,仁爱之心也会长养起来。

"和平",《弟子规》说:"怡吾色,柔吾声。"父母即使有错,劝谏父母也要和颜悦色、柔声下气。如果疾言厉色,以后对老板、对领导说话自然也会是这种态度。到社会上与人相处,别人稍微做错事,可能就会恶语相向,造成不良后果。

《弟子规》说:"号泣随,挞无怨。"即使父母不能接受子女的建议,对子女有误解,甚至痛打子女一顿,子女也不应有怨言,心里不与父母对立,不产生怨恨。怨恨,是因为心里有瞋,瞋心没有断掉,才有怨恨之心。从侍奉父母中养成时刻无怨言的习惯,面对别人的误解和诽谤时,自然会心平气和地应对。

"夫孝,德之本也",这句话不可轻看。**所有德行都是从孝这个根本产生的。**德行上出现问题,追根究底,是在孝道上没有尽圆满。第二次世界大战之前,一些欧洲学者讨论,为什么世界上唯有中华文明延续下来没有中断?最后得出结论:因为中国人特别重视家庭教育。人一出生,所面对的就是和父母之间的关系。在家庭中能形成对父母的恭顺、礼敬,走上社会也不会轻易与人发生冲突。所以,这个结论是完全正确的。

要修福慧,最好的办法就是行孝道。《孝经》说:"先王有至德要道,以顺天下,民用和睦,上下无怨。"古圣先王皆行至美之德、要约之道,只要推行,就可以达到上下和睦相处,人与人之间没有怨言的效果。"至德要道"就是孝。现代社会很重视道德教育,重视思政课,但是长期以来道德教育不易深入人心、打动人心。原因就在于,一个人连孝道都不能尽到,怎么可能是一个优秀的领导干部?所以,道德教育要从孝教起,这才是抓住了根本。

孝是中华文化的根,敬是中华文化的本。如果连孝敬的根本都没有,还要去建一栋道德大厦,希望有第五层、第六层,这样的大厦就会成为空中楼阁。如果这栋道德大厦的基础没有打好,孝亲尊师都没有做到,怎么可能建得那么高?"教民亲爱,莫善于孝;教民礼顺,莫善于悌。"《论语》说:"君子务本,本立而道生。孝弟也者,其为仁之本与!"人与人之间不够亲密,缺少仁爱之心、礼顺之心,根本原因是忽视了孝悌的根本。道德教育如果不遵循规律,不从孝悌做起,建造的就是空中楼阁,就会培养出很多伪君子。

一个人对父母孝,并能把孝心推而广之,以对待父母的亲爱之心关爱一切与父母年龄差不多的人,又能对兄长讲悌道,并以对兄长礼敬恭顺的态度对待社会上和兄长那般年纪的人,那么,社会的风气会很淳厚,许多纷争、矛盾、冲突就会自然地得以避免和化解。孔子说:"教导百姓相亲相爱,没有比提倡孝道更好的办法;教导百姓礼敬恭顺,没有比推行悌道更好的办法。"

教孩子孝悌之道,身教胜于言教。为人父母者、为人君者、为人师者,必须首先身体力行,作出孝道的榜样,孩子、下属、学生才会学习效法。现在很多孩子教不好,自我中心很严重,"小公主""小皇帝"的脾气很厉害,原因是做父母的没有身体力行,作出孝敬父母的态度,孩子没有从父母身上学会如何去孝敬父母。

"移风易俗,莫善于乐",夹注说:"夫乐者,感人情,乐正则心正,乐淫则心淫也。"音乐可以激发人的情感,音乐雅正则人心纯正,音乐淫纵则人心淫纵。改善社会风气习俗,提倡德音雅乐是最有效的办法之一。这是因为在一切艺术中,音乐是刺激感官与情绪最强烈的艺术,能渗透到心灵的深处,叫"感人至深"。

孔子到一个地方,首先听一听当地流行的音乐,就知道该地的民风,然后才问这个方的政事办得如何。《论语》记载,孔子说:"恶郑声之乱雅乐也。""郑声"是指郑国的音声,是"淫声之哀者"。"声"是指宫、商、角、徵、羽五声。"雅"是正的意思。"雅乐"是先王的雅正之乐,中正平和,能够调和性情,与人的本性相应。"郑声哀以思",郑国的音声容易感动人,使人心妄动,但是不得性情之正。当时有很多人都喜欢郑声,不知雅乐,结果是以淫声乱雅乐。

《礼记》强调:"先王之制礼乐也,非以极口腹耳目之欲也,将以教民平好恶而反人道之正也。"古代圣王制礼作乐,不是为了满足人口腹耳目的欲望,而是教导人培养正确的好恶之心,返回做人的正道。

《尚书》说:良好的音乐教育,可以使人性情"直而温,宽而栗,刚而无虐,简而无傲"。总之,乐的作用在于达到和谐,使人形成和的性情,使社会有一种和的气氛,移风易俗。儒家非常重视音乐对人心的影响,主张音乐应该有益于人的教化,认为以道为主导的音乐有益于心性的提升,而以满足感官刺激为主导的音乐,则导向社会混乱。《乐记》说:"君子乐得其道,小人乐得其欲。以道制欲,则乐而不乱;以欲忘道,则惑而不乐。"在古人看来,音和乐是有所不同的。低层次的音悖逆天道中庸的原则,对人欲的宣泄毫无节制,引导人走向颓废,甚至暴戾的极端,最终毁灭人性,被称为"亡国之音"。高层次的乐是天道的体现,使人在享受音乐的同时,受到道德的熏陶,涵养心性,是入德之门。只有符合道的音才被称为乐。

《乐记》说:"知音而不知乐者,众庶是也。唯君子为能知乐。"唯有有道君子才懂得什么是真正的乐。懂得音而不懂得乐,是一般的平民百姓，只有受过音乐教育的雅正君子才懂得乐的道理。孔子提出："兴于诗，立于礼，成于乐。"乐对于平衡人的内在情感和外在行为，以至达到社会和谐都至关重要。

《礼记》记载了一段魏文侯和子夏的对话，说明了音和乐的区别。魏文侯说，当我正襟危坐、穿着端服、戴着礼帽来听古乐，结果却昏昏欲睡，唯恐睡着。但是，听郑卫之音却不知疲倦。就像很多人听老师讲经教学，听着听着就会困，但看连续剧、看电影却很入迷。这是为什么？魏文侯问子夏，为什么听古乐会出现这样的情况，而听新乐却不会？春秋战国就有了古乐和新乐的区分。所谓古乐，指自黄帝、尧舜以来，圣贤相传的雅乐，节奏舒缓庄重，令人心气平和。而新乐是指时人所作的乐曲，如郑卫之音，恣意放荡。

有人说，现代社会要创新，要和时代相结合，老师们讲课的时候不要正襟危坐，要学一学现代的演讲术。现在的人都是站着讲，把人的情绪调动得非常热烈。看古人关于音乐的论述，就知道为什么不能学习那些流行的演讲术。这些方法、方式确实调动了人的情绪，会让人情绪高昂，但无助于人心气平和。

情绪波动，大悲、大喜、大怒的时候，心不会清净，就像水带着泥沙，是混浊的，对外界的映照是歪曲的，不是如实的。只有等泥沙沉底，水变得清澈、平静，对外界的映照才是如实、清楚的。**修心，就是让心保持一种平和的状态，而不是波澜起伏。古乐舒缓庄重，能让心沉静下来，这才是与道相应。**

子夏回答："古乐，齐退齐进，整齐划一，乐声和谐，平正宽广，弦匏笙簧等乐器应之以节，用鼓表示开始，用金铙来结束。君子通过乐舞，可以互相交流心得，谈古论今，述说的是修身、齐家、治国、平天下的道理，这正是演奏古乐的意义。而新乐的乐舞进退曲体，参差不齐，奸邪之声泛滥，使人沉溺而不能自拔，并且不时有倡优侏儒侧身其间，男女混杂，尊卑不分，犹如一群顽猴相聚。乐终，也没有什么获益，更不能联系历史事实给人以启发，这就是演奏新乐的结果。现在您问的是乐，而您喜好的却是音。乐与音虽然相近，其实并不相同。"

魏文侯接着问："请问音和乐到底有什么不同？"子夏说："古时候天地和顺，四季有常，民有道德，五谷丰盛，疾病不生，又没有凶兆，都是恰到好处，被称为大当。"用现在的话来说，就是太平盛世。"然后圣人出现，确定了父子君臣的名分纲纪。纲纪确定了，天下才真正安定。天下安定之后，端正六律，调和五声，用乐器为歌曲伴奏，用诗歌表示颂扬，这就是德音，德音才称为乐。而您现在所喜好的是滥无节制的溺音。例如，郑国之音，音调滥无节制，使人心志放荡；宋国之音过于安逸，使人心志沉溺；卫国之音急促快速，使人心志烦乱；齐国之音狂傲邪僻，使人心志骄逸。这四音的特点是"淫于色而害于德"，放纵情欲有害于培养美德，不能称之为乐，祭祀时不能使用。这些败坏了中正之气。"

子夏提醒魏文侯："作为一国之君，一定要谨慎自己的好恶。因为国君喜好什么，臣下就会做什么；上层干什么，百姓就会跟着干什么。"《诗经》说："诱民孔易。""孔"是"很，非常"的意思。引导人民是一件很容易的事，其实就是上行下效，自己喜欢什么，就会带动整个社会风气。治国其实很容易，就是君主自己修身修好，克服贪嗔痴慢疑，感召来的大臣也有同样的气质，任用贤人，国家就能治理好。但是，治国又很难，因为要克服贪嗔痴慢疑，克服财色名食睡，哪一样都不容易，都是说起来容易做起来难。有多少聪明人，聪明反被聪明误，都在财色名利这几个字上没有过关。

乐之所以具有平衡人的内在情感、促进社会和谐的功能，是因为乐与天地之间的和谐秩序相应，与人的心性平和相应。真正伟大的音乐，能自然地模仿天道的和谐；只有这样的音乐才是有意义的、可取的。《乐记》说："乐者，天地之和也。"德音雅乐的普遍流行，可以在众人中间营造一种平和的气氛。"是故乐在宗庙之中，君臣上下同听之，则莫不和敬。"在宗庙之中演奏，君臣上下一同听德音雅乐，无不和谐恭敬。"在族长乡里之间，长幼同听之，则莫不和顺。"在宗族乡党之中演奏，长幼一同听德音雅乐，大家无不和睦融洽。"在闺门之内，父子兄弟同听之，则莫不和亲。"在家门之内演奏，父子兄弟一同听德音雅乐，大家无不和睦亲密。"故乐者，所以合和父子君臣，附亲万民，是先王立乐之方也。"所以说，音乐是为了和谐父子、君臣之间的关系，而使万民归附亲顺，这才是古代圣王立乐的宗旨所在。所以，音乐是为了达到平和的境界。

音乐对心灵潜移默化的教育意义，古今中外的思想家都有所认识。古希腊的著名思想家毕达哥拉斯提出，教育的目的是灌输一种对和谐的爱，通过欣赏音乐的美而成为和谐的人。毕达哥拉斯相信，人的实际追求是通过对感官的反复灌输而形成的。一个人经常接触什么，耳朵经常听什么，眼睛经常看什么，所视所听就会成为自己的实际追求。音乐不仅是娱乐，在教育当中，音乐是用来传授道德的。通过看美好的形式，如世界名画，听美妙的旋律曲调，如德音雅乐，就可以实现对美的追求。周朝太妊怀孕的时候，"目不视恶色，耳不听淫声，口不出傲言"，说明中国古人很早就认识到所闻、所听、所言、所行对自己乃至胎儿的影响。

毕达哥拉斯是古希腊第一个通过韵律和曲调的形式建立音乐教育的人。他通过音乐教育来塑造弟子们的性格，帮助人改变消极的品格，恢复人原初的和谐状态。他还用曲调设计了检查和治疗各种身心疾病的方法。更令人惊奇的是，他运用神的启示而设计的曲调很容易改变并控制弟子在精神上出现的激情和欲望，如愤怒、遗憾、嫉妒、对创伤的恐惧，以及攻击性、食欲不振、精神松弛、懒惰、狂热等。合适的音乐，就像精心调制的草药一样，可以把受困扰的人恢复为拥有和谐美德的人。史书记载，毕达哥拉斯对着一个醉汉吹奏不同的曲调，结果制止了他疯狂的行为，恢复了他清醒的头脑。这说明音乐通过节奏和乐调，能进入人心灵的深处。所以，一个孩子听什么样的音乐，不能不谨慎；看什么样的视频，也不能不选择。孩童从小受到好的教育，节奏与和谐就会在他心灵深处牢牢生根，他会温文尔雅。如果接受了坏的音乐教育，结果会恰恰相反。

柏拉图说："一个真正受过音乐教育的人，在他的心里会有一种内在的精神的美，表现在有形的体态举止上，也会有一种与之相应的调和的美。在社会交往中，由于心灵的统一作用，对于同道必然会气味相投，一见如故。"柏拉图的这段话和《易经》所说的"同声相应，同气相求"，简直是异曲同工。柏拉图还说："而对于浑身不和谐的人，他避之唯恐不及。正确的爱，是对于美的、有秩序事物的一种有节制的、和谐的爱，这与纵情任性截然不同。音乐教育的最终目的，就是达到对美的爱，通过音乐教育可以使人心灵成长得既美且善。"好的音乐可以在人的内心培养起和敬的态度，这是音乐教育的根本。而和敬的态度一旦养成，人的行为自然会表现出仁义礼智信。

青岛的一家企业，在工人工作的时候播放《推动摇篮的手》《跪羊图》《感恩的心》《丈夫你辛苦了》《妻子你辛苦了》等歌曲，让员工懂得时刻感恩父母，感恩身边的每一个人。这种平和的工作气氛一旦产生，员工的眼神、工作状态都和其他企业不一样。

但是，现在社会普遍流行的却是古人所谓的靡靡之音。例如，有些孩子喜欢摇滚乐，随着音乐边唱边扭，对身体健康、心性培养都不利。遗憾的是，很多家长还没有这种敏感度。作为领导者，其正业是想着如何把人民教导好，如何把政事处理好，使社会安定。如果喜欢听靡靡之音，容易意志消沉、萎靡不振，沉溺于享乐而不务正业。不把时间精力放在政事上，最后会导致怨声载道而自取灭亡。

习近平总书记曾给中国戏曲学院的师生回信说："戏曲是中华文化的瑰宝，繁荣发展戏曲事业关键在人。希望中国戏曲学院以建校70周年为新起点，全面贯彻党的教育方针，落实立德树人根本任务，引导广大师生坚定文化自信，弘扬优良传统，坚持守正创新，在教学相长中探寻艺术真谛，在服务人民中砥砺从艺初心，为传承中华优秀传统文化、建设社会主义文化强国作出新的更大的贡献。"

作为国家领导人，日理万机，还专门抽时间给中国戏曲学院的师生回信，是因为他深知"移风易俗，莫善于乐"。戏曲对于改善社会风气、促进社会和谐，具有重要的不可替代的作用。习近平总书记一直倡导学习传统文化。中国传统戏曲和现在的流行歌曲不同之处在于，传统戏曲对于陶冶人的性情、培养人的浩然正气特别有帮助。学戏曲的孩子表现得往往是稳重、落落大方。戏曲内容宣讲的是五伦八德的道理，古代妇女虽然没有机会多读圣贤书，但是做人懂得忠孝节义，懂得孝敬公婆、和睦妯娌、助夫成德，原因就在于受到民间文艺的影响。古代的戏曲、小说等文艺形式，也是以宣扬孝悌忠信、礼义廉耻、仁爱和平为主要内容。

过去很多祠堂在对面都搭建戏台。祠堂是很庄重的地方，之所以有戏台，是因为戏曲能起到教化人心的作用，是寓教于乐，可以倡导良好的社会风气。

中国古人认为人性本来是平和的，好的音乐与本性相符，对于"明明德"有帮助。《乐记》说："人性本来是平和安静的，由于受到外部世界的影响，产生了种种贪欲之心。当贪欲没有得到很好的控制，觉悟的心被物质世界扰乱的时候，就会丧失自我，被欲望淹没，从而滋生叛乱、违抗、狡黠、欺骗以及普遍的不道德，出现以强凌弱、以众欺寡、弱肉强食、鳏寡孤独老弱病残无所养的局面，这是乱世的表现。"

好的音乐是能引发人进行内在反省的音乐，是让人心平气和的音乐。《乐记》说："乐也者，圣人之所乐也，而可以善民心，其感人深，其移风易俗，故先王助其教焉。"音乐是圣人的乐之所在，德音雅乐可以使民心向善，感人至深，起到移风易俗的作用，所以古圣先贤特别重视音乐的教化作用。

"安上治民，莫善于礼。"唐玄宗注："礼所以正君臣、父子之别，明男女、长幼之序，故可以安上化下也。"礼说的是人与人之间的关系。学习礼，自然懂得如何把人伦关系处理好。礼，可以帮助扶正君臣之间的关系（指领导者与被领导者），可以协调父母与儿女之间的关系，明确彼此应承担的责任、应履行的义务，君仁臣忠，父慈子孝。"明男女、长幼之序"，礼可以明了夫妇、长幼之间的秩序。

《论语》说："不学礼，无以立。"经常听人批评或评论某某人"岂有此理、未曾受过教育、没有常识、粗鄙不堪、不近人情、没见过世面、真讨厌、太可笑、远离他、少来往"等，这一串的评语之所以加到他的头上，归根结底是因为这个人不懂得礼。因为不懂得礼，与人的关系处理不好，前途恐怕也会受到影响。《弟子规》对礼阐释得很到位，把《弟子规》学好，把这些礼一一落实在生活中，为人处世、待人接物自然会受欢迎。

例如，《弟子规》说："父母呼，应勿缓；父母命，行勿懒。父母教，须敬听；父母责，须顺承。"若有这个态度，做老师的呼唤你、教导你，甚至批评你，自然会是同样的态度。

《弟子规》说："路遇长，疾趋揖；长无言，退恭立。"在路上遇到长辈，要赶紧跑上去敬礼、问候。如果长辈没跟自己说话，就退到一边。《常礼举要》也说："路遇师长，肃立道旁致敬。"

《弟子规》说："长者立，幼勿坐；长者坐，命乃坐。"《常礼举要》也说："长者立，不可坐；长者来，必起立。"

《弟子规》说："人不闲，勿事搅；人不安，勿话扰。"当人很忙，没有空闲，不要去打扰人家；当人身心欠安，不要用闲话去干扰人家。

总之，人与人之间交流感情，事与事之间维持秩序，国与国之间保持交往，都需要礼节。

《礼记》说："凡三王教世子必以礼乐。"让在上位者身心安定，百姓得以治理，没有比礼更好的。《大戴礼记》讲，"礼"具有"绝恶于未萌，而起敬于微眇，使民日徙善远罪而不自知"的作用。礼，能将罪恶断绝于萌发之前，使人在细微之处培养起恭敬之心，让人在不知不觉中远离罪恶，改过迁善。礼有防微杜渐的作用。古人说："礼者禁于将然之前，法者禁于已然之后。"

第十二讲 道德教育的三个重点 | 181

《汉书·礼乐志》记载了国家制礼作乐的重要性，这一段收录在《群书治要·汉书二》。这段话讲六经的宗旨殊途同归。六经是指《诗》《书》《礼》《乐》《易》《春秋》，其发挥礼乐的作用最为迫切。因为修身者片刻忘失礼，就会有急躁、傲慢的情绪；治国者一旦失去礼，就会有混乱的局面。人含藏天地阴阳之气，生有喜怒哀乐的情感，为了节制人的情感，圣人效法天地制定礼乐，用来感通神明、建立人伦、端正性情、节制万物。于是，哀痛时会有边哭边顿足的礼节；高兴时会有载歌载舞的仪容。对于正直的人来说，足以与他的真诚相称；对于偏邪的人来说，足以防止他的过失。因此，婚姻之礼被废弃，夫妇关系会乖谬，放荡、偏邪之罪就会增多；乡饮酒之礼被废弃，长幼之间的秩序会混乱，争斗、诉讼就会增加；丧祭之礼被废弃，骨肉之间的恩情会淡薄，违背死者遗志、忘记祖先的人就会增多；按期朝见天子的礼仪被废弃，君臣的位置会错乱，侵犯、逾越的行为就会产生。

孔子说："安上治民，莫善于礼；移风易俗，莫善于乐。"礼，可以调御民心；乐，可以调和民声。国家通过政令推行礼乐、动用刑罚，礼、乐、政令、刑罚四者完备，"王道之治"就会实现。

音乐能调治人的内心，礼仪能修治人外在的行为。内心安和，会与人和睦亲爱；尊卑有别，会心存敬畏。和睦亲爱，不会有怨恨；心存敬畏，不会有争斗。谦逊礼让之间，天下得以治理，这就是礼乐的妙用。

周朝借鉴了夏商两代的经验，礼制仪文尤其完备。大事上定有制度，小事上委曲防范，"礼仪三百，威仪三千"，因此，教化遍及百姓，人民和睦相处，灾害少有发生，祸乱少有出现，甚至出现全国的监狱四十多年都极少有犯人的景象。等到周王室衰微，诸侯逾越法度，憎恨礼乐妨害自己，于是抛弃了礼乐典籍。后来，秦始皇焚书坑儒，礼乐典籍在动乱中亡佚，礼乐就少有人讲了。

汉朝建立，混乱的局面渐渐恢复秩序。虽然事务繁忙，高祖还是任命叔孙通制定礼仪，来修正君臣之间的名位。

到汉文帝时，贾谊提出：汉朝承接了秦朝败坏的风俗习惯，抛弃礼义，舍弃廉耻，大臣们只是把文书簿册得不到批复和不能在规定内实施政令作为大事，世风日下却不觉得反常。可见，转变风俗，改良习俗，使天下人转变心意趋向道义，似乎不是平庸的官吏所能做到的。确立君臣的名分，齐整上下的等级，使国家纲常法度有序、六亲和爱亲近，不是上天能做到的，而是靠人为。既然是人为，没有作为，就不会成功；不修整，就会败坏。贾谊草拟了礼仪法度，皇上对此很高兴，但是大臣周勃、灌婴等人却并不支持，贾谊的意见被搁置。

汉武帝即位后，商议设立明堂、制定礼服。但窦太后不喜欢儒家学说，这一提议又被废止。后来董仲舒说："君王秉承上天的意旨行事，应致力于推行道德教化而减少刑罚。如今废弃先王德教，而专门任用执法的官吏来治理人民，却想使道德教化遍及天下，是很难的。古代的君王没有不把教化百姓作为治国的首要任务。设立太学，在国都推行教化；设立庠序，在地方上教育人民。教化既已昭明，良好的社会风气就会形成，天下曾经出现过很少有人犯罪入狱的情况。到了周朝末年，天下无道，秦朝继周朝之后又更加无道。如今汉朝承继于秦朝之后，虽然想治理这种局面，也没有好的办法。法律刚刚颁布，奸邪之事随之产生；政令刚刚下达，欺诈之事随之出现。这好比用热水去止息沸水，只能是更加沸腾而无济于事。所以，自从汉朝取得天下，尽管总是希望治理好天下，却至今也不能感化残暴的人转恶为善、废除刑杀。其失误在于应该改革的时候而没有进行改革，应该推行礼的教化、重视道德教化却没有重视。"然而，彼时汉武帝正在征伐周边的少数民族，坚决想要取得军事上的成功，无心礼制仪文方面的事情。

到汉宣帝时，琅琊的王吉任谏大夫上疏说："真正有志于天下太平的君主不是每个时代都有，现在公卿大臣们有幸躬逢其时，却没能拿出建立万世基业的长远国策，以辅助英明的君主开创像夏商周三代那样的太平盛世。大臣们所注重的，只是整理文案书册、审判案件、听理诉讼而已，这并不是实现天下太平的根本办法。"但是，宣帝没有采纳他的意见。

到汉成帝时，刘向劝告皇上说："应当兴建辟雍、设立庠序、陈设礼乐，使雅颂的音乐隆盛，使揖让的礼仪盛行，以此来教育感化天下百姓。这样做，而天下还不能太平的，还从未有过。教化是天下太平的依靠，刑罚只是起辅助作用。如今废弃天下太平所应依靠的道德教化，而只建立辅助型的刑罚，不是能实现天下太平的办法。"成帝把刘向的意见交付给公卿大臣们商议，丞相和大司空上奏，请求建立辟雍。然而，确定地基位置的图表还没有制作好，成帝驾崩。

到了东汉，汉世祖刘秀在位三十三年，使得汉朝重新振作，四周少数民族前来归附，政治教化清明，于是建立明堂、辟雍。汉明帝即位后，亲自在明堂、辟雍实行古礼。礼节仪式已经丰富完善，但道德教化仍未能遍及天下。这是因为礼乐制度尚不完备，群臣百官无法称颂，地方学校没有普遍设立以推行礼乐教化。

《汉书·艺文志》讲了夏商周以礼乐治国所取得的效果："刑措不用，囹圄空虚。"后来，礼乐被废弃，国家动乱不安。后人不断劝谏皇帝重视礼乐教化，礼乐制度的设立以及普遍推行，才是社会大治的根本。

古人治国，依靠四种方式：礼乐政刑。这种排序不是随意的，礼乐放在政刑前面，说明礼乐教化才是天下太平的根本，所以中华文化被称为"礼乐文化"。

弘扬中华优秀传统文化，要从弘扬礼乐文化做起。古时一个王朝被推翻，新的王朝建立，马上会颁布礼乐，制礼作乐的结果是三五年之间社会就会恢复太平。政令、刑罚是辅助性的手段，颁布政令是为了推行礼乐，动用刑罚是为了避免礼乐教化不能推行。

礼乐之所以重要，是因为可以在人的内心培养一种和敬的态度。"安上治民，莫善于礼"，天子诸侯若能安定地处在其位置上，就能治理国家。"治民"没有比礼更好的办法，人人都讲规矩、讲礼让，天下就可以维持太平。讲礼，做到至高之处，像大舜对待后母，把孝做到至高的境界，可以成为圣人。因为礼是和天地之道、人性相通的。

"礼者，敬而已矣。""敬，礼之本，有何加焉？"敬是礼的根本，又有什么能超过敬？《礼记·曲礼》曰："毋不敬。"要一切恭敬。礼的种类、仪式相当多，礼仪三百，威仪三千，用一个字概括礼的本质，就是一个"敬"字。学礼要从"敬"字学起。对人、对事、对物能学到敬，礼的根本也就能学到。所谓礼，就是"敬"。

"故敬其父则子悦，敬其兄则弟悦，敬其君则臣悦，敬一人而千万人悦。"唐玄宗注："居上敬下，尽得欢心，故曰悦也。"在上位的人能恭敬在下位的人，为人父、为人兄、为人君者尽得欢心，就能得到天下为人子、为人弟、为人臣的欢喜。天下有太多人因为在位者居上敬下而心生欢喜。尊敬父亲，为人子的会喜悦；尊敬兄长，为人弟的会喜悦；尊敬君主，为人臣的会喜悦；尊敬一个人，会让千千万万的人都感到喜悦。

"所敬者寡，悦者众。"所敬一人，是其少，千万人悦，是其众。所敬的只有一个人，是说所敬者少，而能让千万人喜悦，是所悦者众。

"此之谓要道也。"孝悌以教之，礼乐以化之，此谓要道也。用孝悌之道教导民众，用礼乐之道感化民众，就是所谓的"要道"。所尊敬的人虽然很少，而感到喜悦的人却有千千万万，这就是切要之道。治国，大道至简。孟子说："道在迩而求诸远，事在易而求诸难。人人亲其亲，长其长，而天下平。"道本来在近处，人们却非要到远处去求；事情本来很容易，人们却偏偏要往难处去做。其实，只要人人都亲爱父母家人、长辈，天下就可以太平。孟子说："亲亲而仁民，仁民而爱物。"很多人都希望人与人之间能有亲爱，有仁慈博爱，而仁爱之心是从"亲亲"培养起来的，是从孝敬父母、亲爱父母的过程中培养起来的。把这种亲爱之心推而广之来关爱人民，再把这种爱心扩大到万事万物，就是"亲亲而仁民，仁民而爱物"。

"爱人"，首先要从爱自己的父母做起，然后爱其亲人、爱其长上、爱其国家、爱其人民，这种推己及人，符合人的认识与情感发展的规律，符合道德教育的规律。孝悌的教育始于"事亲"，进而"亲亲而仁民，仁民而爱物"，从而做到"民胞物与"。人人都是我的同胞，万物都是我的伙伴，直至"天地与我并生，而万物与我为一"。可见，孝悌之心的扩展，不仅可以达到人际和睦，还可以达到人与自然万物的和谐。国泰民安、天下太平是人们追求的结果，而这个结果要从孝悌的教育、礼乐的教化入手。这样，所尊敬的人虽然很少，但是感到喜悦的人却有千千万万，所以，称之为"要道"。

思政课如何提升才能深入人心、有实效？社会主义文化强国如何建设？要抓住三个重点：第一，孝悌为本；第二，身教为先；第三，礼乐为要。教育者、领导者首先受教育，才是良好有效的道德教育的开始。

第十三讲　中国人的大天下情怀

这一讲来学习《孝经·广至德章》。《孝经·开宗明义章》讲："先王有至德要道，以顺天下，民用和睦，上下无怨。"这一至德要道就是孝，但是并没有就此展开论述。第十三章是广宣"至德"之意。天子以其至高的德行，身体力行孝道、悌道、臣道，天下人自然受到教化。

【子曰："君子之教以孝也，非家至而日见之也。教以孝，所以敬天下之为人父者也；教以悌，所以敬天下之为人兄者也；教以臣，所以敬天下之为人君者也。《诗》云：'恺悌君子，民之父母。'非至德，其孰能顺民如此其大者乎？"】

"君子之教以孝也，非家至而日见之也。"根据邢昺疏，"家至"是家家悉到，"日见之"是天天见面。孔子说："君子教导民众孝道，不是到家家户户每日见面对之宣讲。"夹注说："但行孝于内，流化于外也。"天子对父母尽到孝道，天下人看到了，自然跟着学习，德泽自然感化于外。《论语》中孔子多次强调："其身正，不令而行；其身不正，虽令不从。"这是上行下效的道理。

孔子说："子帅以正，孰敢不正？"天子率领大家去做正当的事，有谁敢做不正当的事？领导者的率先垂范对于治国具有关键的作用。孔子又说："苟正其身矣，于从政乎何有？不能正其身，如正人何？"在位者能端正自身，处理政事又有何难？假如不能端正自身，又怎能端正别人？推行孝道也是一样，在位者能身体力行，孝敬父母，天下人自然起而效法。

《群书治要·尸子》记载，舜任用了五个人而天下大治，但是天下人仍然以舜为父母，舜达到了无为而治的境界。《论语》记载："舜有臣五人，禹、稷、契、皋陶、伯益。"

大禹，世人皆知，治水三过家门而不入。他的父亲鲧也奉命去治理洪水，采取壅堵的方式，结果没有把水治好。禹继承了父亲的事业，但是改变了治水的方法，采取疏通的方式，因治理黄河有功，受禅让继承了帝位。禹是夏朝的第一位天子，除了把黄河的滔天洪水治好之外，又把中国的国土划为九州。后人尊称他为"大禹"。

稷是周王朝的始祖，他教民稼穑，让人有东西吃，有德于民。周朝之所以享国八百多年，是因为他们的祖先积下厚德，庇荫子孙。《孟子》说："君子之泽，五世而斩。小人之泽，三世而斩。"凡是五代同堂的家庭，都是因为祖上有厚德。反过来讲，一个家族不能兴盛发达，也和祖宗德行不够有关。人明白这个道理，若有不如意事，就不会怨天尤人。现在很多人，无论贫富贵贱，常常怨声载道，究其原因，是不明理所致。遇到问题不知道反求诸己，反而推卸责任，责怪、埋怨别人。

契，"子"姓，名"契"，帝喾之子，尧的异母兄弟，也是商汤的祖先。公元前16世纪，他的第十四代孙商汤起兵灭夏，建立商朝。商汤传位十七世，三十个君王历时五百多年，最后在商纣王的手里灭亡。契担任过舜的司徒，最大贡献是教导人五伦大道，《孟子》中有所记载。

皋陶是舜禹时期的大理官，用现在的话来说，皋陶是中国历史上第一位大法官。据说他青脸鸟嘴，铁面无私，断案公正。作为法官，必须公正无私，不能以权谋私。凡是以权谋私的法官，下场都不会太好。当然，不仅做法官不能以权谋私，做任何事情，担任任何职位，都不能以权谋私。《大学》讲："货悖而入者，亦悖而出。"凡是以权谋私获得的财富，都叫"悖而入"；凡是以不正当的方式获得的，都会以不好的方式败散掉，并且会失去别人的信任。所以，以权谋私，基本上会是"竹篮打水一场空"，最后什么也得不到。

伯益，与大禹同朝为官。因善于狩猎、畜牧，被推为虞官，负责山泽、畜牧业等。在长期狩猎的过程中，他积累了丰富的经验，熟悉鸟兽的语言和习性，鸟兽多被他驯服，在发展畜牧方面卓有成就。

这五个人都是贤能之人。舜因为任贤使能，所以达到无为而治。《论语》说："舜何为哉？恭己正南面而已矣。"尧向舜请教治理天下的方法：怎样达到无为而治，而天下还以他为父母的境界？舜仅仅回答了两个字："事天。"意思是按照自然而然的秩序，按照自然之道来治理。舜举例说，"平地而注水，水流湿"，在大地上注水，水自然会流向潮湿低洼的地方；"均薪而施火，火从燥"，点一堆柴火，干燥的柴火自然会先燃。这就是"召之类也"，是感召的原因，是自然而然的道理。后面得出结论："尧为善而众美至焉，桀为非而众恶至焉。"尧帝凭着自己的美德，感召了德才兼备的人来辅佐他；夏桀王品行败坏，任用和感召的也是德行缺失、狡诈奸猾之人。这就是《易经》所说的"同声相应，同气相求"的道理。

因此，领导者要使民风淳厚，人人都孝敬父母，就要从自身做起，为天下人作出孝亲的榜样。

习近平总书记2015年元旦致辞，他的办公室书架上多了几样东西：醒目的位置摆放着一套《群书治要》，书前是习近平总书记的全家福；几张不同年代的温馨家庭生活照，其中一张照片是习近平总书记推着年事已高、坐在轮椅上的父亲，和妻子、女儿一起出去散步的场景；还有一张照片，是他拉着母亲的手，漫步在公园……全国人民看到习近平总书记孝敬父母，重视家庭，也自然会起而效法。

领导是什么样的人，自然会感召什么样的下属、什么样的民众。做领导的来不得半点虚假，如果是以虚假之心对待下属，下属也会以虚假之心来应对。同样的道理，下属对领导者也来不得半点虚假，必须有恭敬之心、真诚之心。

"教以孝，所以敬天下之为人父者也；教以悌，所以敬天下之为人兄者也。"君子教导民众行孝，是要天下的父亲都能得到尊重；教导民众奉行悌道，是要天下的兄长都能受到尊敬。《说文解字》解释"教"："上所施，下所效也。"君子以身作则，对自己的父母尽到孝道，就是教天下为人子者都要孝敬自己的父母；对自己的兄长尽到悌道，就是教天下为人弟者都要懂得尊敬兄长。

如果父母兄长过世，天子又该如何以身作则教导天下人尽孝悌之道？夹注说："天子父事三老，所以敬天下老也；天子兄事五更，所以教天下悌也。"根据《汉官仪》记载："天子无父，父事三老，兄事五更。"古代设三老、五更之位，天子以父兄之礼养之。三老指古代掌管教化之官，由五十岁以上的老者担任，在乡、县、郡都有设置。《援神契》注："三老，老人知天、地、人事者。"三老不是三位老人，而是知道天、地、人之事的老者。《汉书·高帝纪》记载："举民年五十以上，有修行，能帅众为善，置以为三老，乡一人。择乡三老一人为县三老，与县令丞尉以事相教。"选举民众之中五十岁以上、有修行并能率领大众为善的人为三老，这样的人往往德高望重，而且通达天、地、人的规律。每个乡选一人，再从三个乡里的三老中选择一位作为县三老，与县令、县丞、县尉共同教导民众处事，使民众懂得仁义礼智信等道理。

三老是古代的乡官名，用以安置年老致仕的官员。五更就是知晓五行更替变化的老人，也是古代乡官名，由那些年高德劭、请求辞去官职的人来担任，一般是七十岁左右。《魏书·尉元传》记载："卿以七十之龄，可充五更之选。"天子以侍奉父亲的态度来侍奉三老，表明他尊敬天下的老人；天子以对待兄长的态度来侍奉五更，表明他尊敬自己的兄长。如果父兄过世，天子可以通过这样的礼来身体力行，教导天下人尽孝悌之道。

"教以臣，所以敬天下之为人君者也。"天子教导臣子为臣之道，是要天下所有的君主都受到尊敬。那么，天子如何以身作则？他高高在上，已经是最高的领导者，怎么以身作则？夹注说："天子郊则君事天，庙则君事尸，所以教天下臣。"

"尸"，是神主。孝子的祭祀，看不到亲人的形象，心思无所系念，于是设立"尸"充当祭祀的对象，使孝子的心意有所寄托。"尸"，是在祭祀的过程中，充当所祭祀神明象征的特殊身份的人，被祭祀者的孙子可来担当。《礼记·曲礼》记载："孙可以为王父尸。"

天子郊祀祭天时，以对待君主的礼节来奉事上天；宗庙祭祀时，则以对待君主的礼节来奉事代表祖先受祭的尸，这是为了教导天下人懂得为臣之道。天子在祭天和祭祖的过程中，作出为臣的榜样，这就是以身作则来教导臣子们为臣之道。

当然，还教导为臣的礼，如朝觐之礼。诸侯国国君来朝见天子，怎样对天子表示恭敬？朝觐之礼教导臣子如何尽为臣之礼。

"《诗》云：'恺悌君子，民之父母。'非至德，其孰能顺民如此其大者乎？"孔子讲完至德之教，引用《大雅·泂酌》中的两句诗予以赞美："恺悌君子，民之父母。""恺"，和乐的意思；"悌"，易也，平易近人的意思。和乐而平易近人的君子，顺应民心推行教化。自己身体力行孝、悌、忠的德行，把这种教化推行到天下，使天下为人子、为人弟、为人臣者都能孝顺其父母、尊敬其兄长、忠于其君主。至德之君教导人孝、悌、忠，天下的父母、兄长、君主，都能得到孝敬、尊重、忠诚，国家就能达到老有所养、老有所依、老有所乐，甚至鳏寡孤独废疾者皆有所养的境界。因此，君主被称为民之父母。夹注说："以上三者，教于天下，真民之父母。"用上述三点来教化天下，真正是民之父母。如果不是具有至高德行的君主，有谁能顺应民心到如此广大的程度？所以说，"至德之君，能行此三者，教于天下也"。拥有至高德行的君主，能按照这三点去做，以教化天下。

《孝经》第十四章是《广扬名章》。第一章《开宗明义章》说："立身行道，扬名于后世，以显父母。"但是，具体要怎样做，这里并没有进行延伸，所以在《广扬名章》广述扬名之义。这一章列在《广至德章》之后。

【子曰："君子之事亲孝，故忠可移于君；事兄悌，故顺可移于长；居家理，故治可移于官。是以行成于内，而名立于后世矣。"】

子曰："君子之事亲孝，故忠可移于君。"孔子说："君子侍奉父母能尽孝道，可以把它移到对君主的尽忠之上。忠臣出于孝子家中，可以把孝道移到君主身上。"

《后汉书》记载了"韦彪论官"的故事。当时，凡是向皇帝陈说朝事的，大都提到郡国举荐人才不按政绩、功勋的高低，所以，守职的人越来越懈怠，政务也慢慢疏懒，这个过错在州郡一级。韦彪官居大鸿胪，他上书说："孔子说：'事亲孝，故忠可移于君，是以求忠臣必于孝子之门。'才能和德行很少能兼备。有的人有德行，但是才能不足；

有的人有才能，但是德行不够。德才兼备的人是比较少的。所以，孟公绰做赵、魏两国的家臣很优异，却不能做滕、薛两个小国的大夫。"孟公绰廉洁正直，但是政务一繁忙就会受不了。滕、薛虽然是两个小国，但政务繁多，他任两个小国的大夫，都力不能及。韦彪说："忠孝之人，存心近乎仁厚；而锻炼成熟的官吏，存心近乎刻薄。夏商周三代之所以能直道而行，是因为古代用贤都经过砥砺选练。选拔人才应该把才能放在首位，不能单纯只考虑他们的门第，而其要点在于选拔孝廉的郡守。郡守贤能，贡举就能得到合适的人才。"光武帝听了，非常赞同。

古人选官，忠诚是根本。判断一个人能否忠诚，就看其是否出于孝子之门。孝子有恩义、情义、道义，不会忘恩负义、见利忘义，这样才能把职位担当好。《孝经》说："不爱其亲而爱他人者，谓之悖德；不敬其亲而敬他人者，谓之悖礼。"一个人不爱自己的父母而去爱别的人，这是和性德相违背的；一个人不尊敬自己的父母而去尊敬别的人，这是和礼相违背的。人生在世，对自己恩德最大的莫过于父母，一个人对父母的养育之恩都不管不顾，却对领导照顾有加，怎么可能是真心实意？一个孝敬父母的人，做了官，就能"老吾老以及人之老，幼吾幼以及人之幼"。因为他想到自己的父母，就会想到百姓也有父母，就会把对父母的关爱推及天下的老人。自己有妻儿，也会想到百姓有妻儿。有了仁孝之心，怎么可能不成为一个好官？这样的人也不会贪污弄权，让父母蒙羞。

《群书治要·晋书》记载，吴隐之早年父亲过世，他侍奉母亲非常孝敬、恭谨，特别注重和颜悦色。后来，母亲也过世了，因为怀念母亲，守孝期间悲伤过度，差点丧失性命。邻居恰好是韩康伯家，韩康伯的母亲是一位贤明、有德行的妇人。每次听到吴隐之哭泣，如果她在吃饭，就会放下碗筷，和他一起悲伤；如果她在织布，就会放下梭子，和他一同悲伤。就这样，一直持续到服丧期满。她特意嘱咐韩康伯："如果你以后做了负责选拔人才的官员，一定要推举像吴隐之这样有孝顺之心的人。"后来韩康伯到吏部任职，就举荐了吴隐之，而且是越级举荐。就这样，吴隐之成了一位廉洁官吏，被任命为龙骧将军、广州刺史。

吴隐之广州上任，听说广州的北边有一眼泉水叫"贪泉"，父老乡亲都说，一旦饮了"贪泉"的水，即使廉洁的官员也会变成贪官。吴隐之先到"贪泉"舀了一口水喝，并且赋诗一首："古人云此水，一歃怀千金。试使夷齐饮，终当不易心。"古人说喝了这"贪泉"的水就会变成贪官污吏，但是我想，假使伯夷、叔齐这样有廉洁德操的人饮了，终究也不会改变其廉洁之心。所以他到广州做官，更加注重德操，非常廉洁，感化了当地人。这实际上是一件不容易的事。一个人的力量是很小的，周围的人都在贪污受贿、以权谋私、骄奢淫逸，自己却不受影响，反而能转变民风，需要有多大的定力和智慧！晋安帝下了一道诏书："广州刺史吴隐之孝心过人，他把自己的俸禄平均分配给九族的亲属。他处在官位上，却不改变节操，不讲求自己的享受。虽然可以享受富裕的生活，但是家人所穿还是粗布衣服。他转变奢靡之风，务求简约，使南方的社会风气大为改观。这样的行为应予嘉奖，给他进号前将军，赐钱五十万，赐谷千斛。"

吴隐之为官之所以能达到这样恭谨、廉洁的程度，正如《礼记》所说：一个孝子，一举足不敢忘父母，一出言不敢忘父母。他的一言一行、一举一动都小心谨慎，念念想着父母的教诲，不敢因为自己的行为给父母抹黑。所以，孝子为官，也会清廉恭谨，不敢贪污腐败。

中国从汉代开始实行"举孝廉"的人才选拔机制，这是很有道理的。一个孝子，言行举止小心翼翼，唯恐辱没父母名声。像吴隐之，时刻保持清廉之志，哪怕是一点小事，都不会放纵自己。吴隐之年轻时有一次吃到咸菜，因为味道太鲜美，于是弃之不食。在广州做官时，手下人给他送鱼，常常剔去鱼骨和刺，只留下肉。吴隐之察觉到手下的用意，责罚并免了他的职。两晋时期官风极其腐败，日食万钱、比阔斗富的事经常发生。但即使在如此恶劣的环境里，吴隐之依然清廉自守，成为一代廉吏，名垂青史。究其根本，在于吴隐之的孝德根基扎得很深，面对各种诱惑毫不动摇。

"事兄悌，故顺可移于长。"侍奉兄长能尽到悌道，可以把它移到对尊长的敬顺之上。周朝初年的周公就是友爱兄弟、讲求悌德的典范。约公元前1047年，周武王兴兵打败了昏君商纣，建立周朝。武王在第二年患了重病，卧床不起，当时天下还没有平定，百废待兴，群臣一下子乱了阵脚。太公和召公想占卜吉凶，周公建议再等一等，他说："如果祖先们在天之灵知道，会忧虑悲伤的。"如何才能让哥哥恢复健康？周公暗暗决定用自己的生命来换取哥哥武王的寿命。于是，他悄悄设立祭坛，捧着玉璧、玉圭，向祖先虔诚祈祷："你们的长孙周武王积劳成疾，身患重病。如果先祖们真的需要一个子孙前去侍奉，那就请让我代替哥哥去吧。我多才多艺，可以好好地侍奉你们，哥哥武王不如我多才多艺，而且他身为周朝天子，还肩负重任，请先王们庇佑他吧！"为了表示诚心，周公让内史记下他的祝祷词，然后进行占卜，结果为大吉。

周公很高兴，立即赶到宫里祝贺武王："哥哥，占卜结果是大吉，您是不会有灾祸的。您只需要考虑如何治理好天下，其他的都不用担心。"周公把写有祝祷词的册文放到柜中密封起来，告诫守柜的人不许泄露他舍身代兄的事。

周公身为辅佐大臣，位高权重，但仍然愿意付出自己的生命，来换取哥哥的安康，手足情深令人动容。这一份源自天性的骨肉同胞之情，就是悌德的天然基础。周公敬爱兄长，辅佐武王开创了太平盛世，国泰民安。武王去世后，他又遵从武王的遗愿，尽心尽力地辅佐武王的儿子成王。摄政期间，他把对兄长的尊重，转化为对贤者的礼敬，留下了"一沐三捉发，一饭三吐哺"的典故。

古代男子的头发很长，周公在洗头发的时候，突然有贤德之士求见，为了不让其久等，周公马上会把头发绾一下，赶快去接待。而周公洗头发的过程中，要多次停下来出去接待贤士。吃饭也是如此。如果正嚼着肉干，突然有贤德之士求见，周公会马上把肉干吐出来，起身去接待。从这个典故可以看到，周公为国为民竭忠尽智，对贤士非常礼敬。这种礼敬贤者的态度，和他对兄长的尊重是密不可分的。

中国人还把对兄弟的友悌之情推而广之，提出"四海之内皆兄弟也"。正如《苏子卿诗四首》所写："骨肉缘枝叶，结交亦相因。四海皆兄弟，谁为行路人。"兄弟姐妹，一奶同胞，手足情深，就像长在一根树枝上的几片树叶一样，是离不开彼此的；而朋友之间的感情也亲如兄弟，弥足珍贵。再把目光放远一些，生而为人，都是同胞，大家脚踩着同一片土地，头顶着同一片蓝天，哪有什么互不相干的陌生人？应该友好相处、相亲相爱。

正是因为孝悌观念的延伸，在中华传统文化中，个人、家族、国家、天下是不可割裂的，是一个整体。因此，**中国人共同体的观念非**

常开阔，不是一个家族，不是小团体主义、地区主义，而是超越地方局限性的天下情怀。这种天下情怀，是从孝悌观念延展而来的。

把对父母的孝德推展开来，"老吾老以及人之老"，把对兄长的悌德延展开来，"四海之内皆兄弟也"，就可以打破血缘的界限，将这份仁爱互助之心向身边的人辐射，进而向更广大的人群延伸，形成仁慈、博爱、和谐、友好的社会氛围。因此，无论现代还是古代，中国人都高度重视孝悌之德的传承与培养。这不仅有利于家庭和睦，还有利于培养关心他人、关心社会的有爱心的人。

悌德在培养对尊长的敬顺方面起到了重要作用。"事兄悌，故顺可移于长"，以恭敬之心奉事兄长则能敬顺，这种敬顺之心可以移到对待尊长身上。

"居家理，故治可移于官"。"理"，治的意思。能把家治理好，就能把方法移到处理政务上。

尧帝当年在考虑帝位的候选人时，请诸部落首领举荐贤德。大家对尧帝说，民间还有一个没有娶妻的人，名舜。他的父亲不遵德义，母亲不讲忠信，弟弟狂傲无礼，但是舜都能以孝顺、友爱之心与他们和睦相处，使他们上进，而不至于发展到奸恶的程度。可见，舜确实是一位至孝之人。他的父亲瞽叟愚顽无德，后母没有慈爱之心，弟弟象很傲慢，他们一再想杀死舜，舜却恭谨孝顺，恪守孝道，最终感化了父母兄弟。

尧听了，说："那我先考察考察他吧！"于是，把女儿娥皇和女英嫁给舜，通过她们来观察他的德行，又让九个儿子拜舜为师，观察他的处世之道。

舜让两位妻子迁居到妫（guī）水旁边，她们都遵行为妇之礼，不因出身高贵而对舜的家人骄慢。尧的九个儿子也更加忠厚谨敬。尧认为舜做得很好,让舜谨慎地教导人五伦大道:父子有亲、君臣有义、夫妇有别、长幼有序、朋友有信。在舜的教导下,人们都能尊崇五伦的教化。尧让舜广泛地参与百官的管理,结果各种事务也处理得有条有理。尧又让舜在四方之门迎接来朝见的宾客,结果接待得庄严肃穆,诸侯和远方的宾客对主人都很恭敬。尧又让舜进入山林川泽,遇到暴风雨,舜从来不迷失方向。尧认为舜有超人的智慧,把舜召来说:"你谋划的事情都能做到,说过的话都有成效,已经三年,你可登上帝位了。"舜没有迫不及待地接受天子之位,他仍然认为自己的德行不够,缺少历练,还不足以让人心悦诚服,因而辞让。到后来,舜才接受了尧帝的禅让。

尧禅让帝位给舜之前,对舜进行了几个方面的考察。首先考察的是他的治家能力。"居家理,故治可移于官",夹注讲:"君子所居则化,所在则治,故可移于官也。"君子所居之处,一方自然会被他感化,如此,便可以把这种办事能力移到做官治民之上。这就是《大学》所说的:"古之欲明明德于天下者,先治其国;欲治其国者,先齐其家;欲齐其家者,先修其身。"

古代的家和现在的家不一样,古代都是大家族,小则上百口人,大则上千口人,能把这样复杂的家族关系处理得井井有条,在某种程度上,并不比治国更容易,必须有足够的德行、智慧和忍让。舜对百姓的教化是身教,百姓对舜的信任和拥戴,也是因为他修身有成。

《史记》记载,舜在历山耕种,历山的人互让田地边界;在雷泽捕鱼,雷泽的人互相推让居所;在黄河边制作陶器,那里生产的陶器没有粗糙破损的,没有劣质产品。只用了一年,舜居住的地方便成为一个村落，两年成为一个集镇，三年成为一个都城。这都是舜高尚的德行、高度的智慧所感召的结果。

当今很多干部培养模式和制度，还能从尧舜这里找到历史渊源。从尧帝禅让的故事可以看到，上古圣君选贤的标准是德才兼备，以德为先，特别强调以孝德为先。

在任命前，要对候选人做全方位的考察，就像尧从公私两个方面来考察舜。在私的方面，首先考察舜齐家的能力。《大学》说："其家不可教，而能教人者，无之。"现在考察领导干部，家人的状况也被纳入考察的内容，因为领导干部教导、影响家人的能力，就是齐家的能力。很多领导干部之所以锒铛入狱，都是被家人拉下马的。在公的方面，考察的不仅是政绩，还要考察干部在民众中的口碑。例如，干部选任前都进行公示，公示时间一般是七到十五天，其间要广泛听取群众的反映和意见，再正式决定是否任用。这就是在大事上看德，在小节中察德。整个过程充分听取各方面意见，也是民主的过程。

舜在被选定后，没有立刻即位，而是经过了历练和考核。这个过程用现在的话来说，进入高层的领导干部要经过系统的、全方位的培养和考验。中国采取的不是西方式的选举，但是又充分发挥了民主的作用，同时不迷信选票。既有民主，也有集中，根据干部的实际工作能力进行考核、选拔、任用。干部必须从基层做起，再经过换岗，在不同的工作岗位、不同的工作地域进行磨炼，积累经验，之后再根据政绩以及群众的反映晋升。中国最高决策机构中共中央政治局常委的候选人，几乎都担任过两任省委书记或经受其他相应的工作历练。

在中国，即使治理一个省，对主政者才干和能力的要求都非常高。因为中国有些省份，特别是东部省份，无论是GDP还是人口数量，几乎是欧洲好几个国家的规模。因此，在这种干部培养选拔制度下，不可能将低能的领导者，甚至没有任何从政经验的领导者选入国家最高领导层。

当然，这并不是说中国现行的选人用人制度没有任何提升的空间。如果能够借鉴和强化中国传统"举孝廉"的人才选拔标准，在教育制度和考试制度中更加注重对传统经典的学习，公务员考试和选拔更加注重以德为先、德才兼备的原则，举荐官员的过程中，适当地实行连带责任制，以及更加深入地借鉴中国古代的谏议制度，倡导人人敢说真话、敢讲实话的良好氛围，那么，选人用人制度会更加完善。

"是以行成于内，而名立于后世矣。"唐玄宗注："修上三德于内，名自传于后世。"在内修养以上三种德行，名声自然传于后世。三种德行是移孝以事于君、移悌以事于长、移理以施于官。例如，吴隐之坚守清廉的操守始终不渝，因此屡次被朝廷奖赏，后世的清廉之士以他为榜样。此外，像"周公吐哺""大舜孝感动天"的故事至今仍广为传颂。

除此之外，历史上留名青史的忠臣大都是孝子。例如，"扇枕温衾"的黄香，官至尚书令。他在任期间，勤于国事，一心为公，通晓边防事务，调度军政有方，深得汉和帝信任。"卧冰求鲤"的王祥，为了侍奉父母隐居二十年，父母离世后出仕，曹魏时历任大司农、司空、太尉等职，封爵睢陵侯，西晋时拜太保，进封睢陵公。

王祥任内高洁清廉、克勤克俭、倡导教化，深得高贵乡公曹髦和晋武帝器重，去世后谥号"元"。"哭竹生笋"的孟宗，官至司空，位列三公。在任期间，体恤民情，关心百姓疾苦，勤于政务，为三国时期吴国的发展作出重要贡献。北宋时期以"铁面无私辨忠奸"而闻名的"青天"包拯，为侍奉父母辞官尽孝十年，后来双亲离世，守丧期满重新出仕。历权知开封府、权御史中丞、三司使，官至枢密副使，正二品。在任期间，清正廉明、刚直不阿、不徇私情、英明果断，敢于为民请命，深受百姓爱戴，去世后追赠礼部尚书，谥号"孝肃"。这样的例子数不胜数。所以，古有谚语："忠臣孝子人人敬，逆党奸贼留骂名。"

因此，君子在家中把这三种德行的根基养成，将来建功立业，其美好的名声自然会传于后世。《孝经》讲的扬名于后世，不是追求世间的名闻利养。虚名是靠不住的，是生不带来死不带去的。"德不配位，必有灾殃"，《了凡四训》说："世之享盛名而实不副者，多有奇祸。"在世间享有盛大的名声，妇孺皆知、家喻户晓的，但是德不配位，这样的人往往有突如其来的灾祸。"名"是《开宗明义章》所讲的"立身行道，扬名于后世"的"名"，以立身行道为前提。古人认为，人生于天地之间，是万物之灵，与天、地并称为"三才"。要明了天地之道、学习天地之道、遵循天地之道、顺应天地之道，这样才能参赞天地之化育。这样的人可以成就君子、贤人、圣人之名。天无私覆，地无私载，日月无私照。孔子主张为政者放下自私自利，而为天下人谋福利，其实就是毛主席所说的"毫不利己，专门利人"。

一个人官做得再高，钱赚得再多，临终时也可能依然心怀恐惧，什么都带不走。但是学成圣人会不一样，子曰："朝闻道，夕死可矣。"一个人若能学成圣人，死亡都无有恐惧，还有什么可恐惧的？自己成就圣人之名，也帮助他人成就圣人，这才是真正的"扬名于后世"。后世的人一提到你，都愿意向你学习，你的父母乃至祖先也因你而荣光显耀。后世儒家说"名教中人"，"名教"就是以名立教，一提到你的名，就会想到你的品质，会想到向你学习。"名教中人"就是从《孝经》"立身行道，扬名于后世"而来的。

　　立名，扬名于社会，和一般世俗人所讲的争名夺利有着根本的不同。争名夺利，越争越成小人，连君子的标准都达不到。而立名是要从孝悌学起，成就君子、圣贤之名。这个名不需要去争，自然会来，实至名归，这才是名立于后世，这样学才是名教中人。后世的人一听到这个名字就肃然起敬，像尧舜禹汤文武周公，还有孔子，各行各业的人一提到他们，都愿意向他们学习。《弟子规》说："圣与贤，可驯致。"并不是只有从政的人才能成为圣人，各行各业的人都可以学成圣人，成为君子。

第十四讲　一味地顺从是孝吗

这一讲来学习《孝经·谏诤章》。"谏"是劝告;"诤"是劝告不听,再用言语去争取。这一章是讲作为儿子、臣子,如果遇到父母或君主有过失时应该谏诤。曾子顺着孔子所讲的扬名之意,进而请教:是否儿子顺从父母的命令就是孝?孔子提出,父母的命令有善有恶,不能一概顺从。因此,这一章以"谏诤"作为题目,列于《广扬名章》之后。

【曾子曰:"若夫慈爱、恭敬、安亲、扬名,则闻命矣。敢问子从父之命,可谓孝乎?"子曰:"是何言与!是何言与!昔者天子有争臣七人,虽无道,不失其天下;诸侯有争臣五人,虽无道,不失其国;大夫有争臣三人,虽无道,不失其家;士有争友,则身不离于令名;父有争子,则身不陷于不义。故当不义则争之。从父之命,又焉得为孝乎?"】

曾子曰:"若夫慈爱、恭敬、安亲、扬名,则闻命矣。敢问子从父之命,可谓孝乎?""慈",上面是一个"兹",下面是一个"心",意思是念兹在兹,心无时无刻不在对方身上。繁体"爱"字中间一个"心",用心感受对方的需要,这才叫爱。爱不是自私自利,不是要求,更不是索取。"恭",着重在外貌,貌恭。"敬",主要是指内心,心敬。"闻命",听受教导。

曾子说:"关于慈爱、恭敬、安亲、扬名的道理,学生已经听过您的教诲。弟子冒昧,请问身为人子,一切都听从父亲的命令,可以称得上是孝吗?"

子曰:"是何言与!是何言与!"孔子说:"这是什么话!这是什

话！"这里连说两句"是何言与",唐玄宗注:"有非而从,成父不义,理所不可,故再言之。"父母有过失,儿女还听从,就是陷父母于不义,理所不允。因此,孔子反复说了两遍,以示强调。

"昔者天子有争臣七人,虽无道,不失其天下。""昔者",孔子讲述之时,正当周朝衰乱之时,已经少有这样的谏诤之臣,因此说"从前"。"天子",这里之所以不用"先王"而用"天子",是因为"先王"是指有圣德而又居于天子之位的圣明之主。下面讲到"虽无道",可见,这里指的是虽然居于天子之位,却没有圣人之德的天子,因此不称"先王"。

"争臣七人",《论语·先进》说:"所谓大臣者,以道事君。"以道事君,致君尧舜,是饱读圣贤之书的士大夫的责任和使命,是明君对于忠臣的要求。所以,从道不从君,是对臣子的要求。"七人者,谓太师、太傅、太保、左辅、右弼、前疑、后丞,维持王者,使不危殆。"这七人帮助君王治理天下,使君王不至于陷于危险境地。

《礼记》记载,太师的责任是导之教训,给君王以修身齐家治国平天下的教导;太傅的责任是傅之德义,以伦理道德教育使君王成为一个有道德的人;太保,保其身体,给君王讲养生之道,按照自然节律饮食起居,行住坐卧都符合礼的规定;左辅,负责修明政教,讥刺不合法度的行为;右弼,负责纠察祸患以及言说失误、偏颇的地方;前疑,负责纠正法度,确定伦理道德的标准;后丞,负责匡正错误、考察变异得失。总之,"四弼兴道,率主行仁",这四位辅弼大臣进谏的目的是领君主践道行仁。

古代圣明的君主,不仅身边有七位大臣负有进谏的责任,还设立各种制度,广泛倾听各方面的声音。《汉书》记载:"古者圣王之制,史在前书过失，工诵箴谏，庶人谤于道，商旅议于市，然后君得闻其过失也。闻其过失而改之，见义而从之，所以永有天下也。""史在前书过失"，有史官在前记载君主的过失，左史、右史，记事记言，负责把君主的言论和行为一一记载下来，特别要记载君主所犯的过失。这是一种独特的监督机制，让君主的一言一行、一举一动都小心谨慎。

"工诵箴谏"。古代君主在用餐时要奏乐，奏乐时乐工要读诵箴言警句、规劝的谏言，使君主提起正念和警觉，所以奏乐不仅是娱乐。可见，古人对于道德教育的重视，渗透到生活的方方面面。

古人读书志在圣贤，会利用一切可能的场合提醒自己重视伦理道德教育。例如汤王，在洗脸的盆上刻有一句话："苟日新，日日新，又日新。"每天洗脸的时候都提醒自己，德行要像洗脸一样，每天都更新，日新又新，每天都有进步。

"庶人谤于道，商旅议于市，然后君得闻其过失也。"平民百姓在道路上可以批评时政得失，做生意的人在市场上可以议论朝政。总之，要让民众有合适的渠道表达自己的意愿，使民情上达。从民众表达的意愿中，为政者能看到施政的得失，能听到自己的过失。重要的是改过，听到正义的、符合道义的声音就随顺去做，这样才能长久地保有天下。可见，中国人很早就非常重视民众的意见和建议，聆听天下人的声音。

《管子》记载，齐桓公有一次向管仲请教："我想保有天下而不失去天下，得到权力而不丧失权力，怎样才能做到这一点？"管仲回答："要认真地考察百姓所厌恶的，引以为戒。黄帝立明台之议，尧有衢室之问，舜有告善之旌，禹立谏鼓于朝，汤有总街之庭。"黄帝设立明台，让群臣在这里议论国事；尧设立衢室，主动去问百姓有什么意见；

舜在朝门外设立进谏的旌旗；禹王在朝门外设立进谏的鼓；汤王设立能使街头巷尾的议论、意见都能汇总的庭堂。设立这些制度的目的是"以观民诽也"，用来听百姓的批评、建议。"此古圣帝明王所以有而勿失、得而勿忘者也。"这就是古代英明的圣王之所以能拥有天下而不丧失天下，得到权力而不丧失权力的原因。可见，天子想拥有广大的天下，需要倾听不同方面的声音，了知下情。从"争臣七人"足以看出谏诤的功劳之大。

《孔子家语》记载：孔子说："良药苦于口而利于病，忠言逆于耳而利于行。汤武以谔谔而昌，桀纣以唯唯而亡。""谔谔"是直言不讳，"唯唯"是恭敬地应答。孔子说："良药苦口难咽，却有利于治病。正直的劝谏听来不顺耳，但有利于自我提升。商汤周武王是因为广纳直言劝谏而国运昌盛；夏桀商纣因为狂妄暴虐，群臣只能唯命是从，而导致国家灭亡。"

夏桀整天荒淫无度，饮酒作乐，不务朝政。臣子关龙逄来进谏，站在他的身边不走。夏桀很生气，就把关龙逄关起来，并很快把他处死。因为夏桀任用的多是奸佞之臣，结果夏朝很快灭亡。

商纣王也是如此。《史记》记载，商纣王每天沉迷于靡靡之音，喜欢和女子饮酒取乐。当时，他也用了一些忠臣，人才也不少，有"三公"鄂侯、九侯和西伯昌，西伯昌就是后来的周文王。九侯有个女儿长得很美丽，进献给商纣王，但是她不喜欢淫乱，商纣王很生气，就把她给处死，还把九侯也杀了，做成肉酱。鄂侯去劝谏，用非常严厉的言语指正他，商纣王很生气，把鄂侯也杀了，做成肉干。西伯昌听到这件事，不免暗暗叹气。纣王知道了，就把他关在羑里。后来，西伯昌的几个家臣进献了美女、宝马、金银珠宝，商纣王才把西伯昌放了。

纣王身边还有三个贤臣，微子、比干和箕子。微子三番五次进谏，结果纣王不听，没有办法，微子逃走了；比干犯颜直谏，商纣王很生气地说："我听说圣人的心和凡人的心不一样，我要看一看比干的心是不是和凡人不一样。"于是杀了比干，剖视其心。箕子看纣王这样荒淫无道，非常害怕，知道自己去进谏也不会有效果，于是装作癫狂，沦为奴隶。商纣王还是不放过箕子，把他关了起来。这样做的结果是再也没有人敢去进谏，商朝很快灭亡。后来周武王吊民伐罪，商纣王穿着珠宝玉石装饰的衣服投入火中，自杀身亡。

由此可知，但凡荒淫无道且不愿意听臣子进谏的君主，下场都不会好。因为错误一天比一天严重，贡高我慢的心越来越强烈，看不到自己的过失，不接受忠言劝谏，最终导致灭亡。所以，忠言虽然难听，但是有利于自己德行的提升。如果没有很强的自我观照能力，又没有善友在旁边提醒，就可能一错再错，错得很离谱了自己还不知道。

一般人都喜欢被赞叹、被肯定、被表扬。特别是当了领导，随着地位一天一天提升，有求于自己的人越来越多，自以为是的傲慢之心不知不觉日益增长。已经习惯了谄媚巴结的话、奉承的话、肯定的话、赞叹的话，突然有个人指正自己的过失，会感觉很难受，甚至内心还会起对立。这样，就更难看到自己的过失，问题会变得越来越严重。

《群书治要·傅子》指出："正道之不行，常有佞人乱之也。"正道之所以不能顺利推行，常常是因为奸佞之人作怪。纵观历史，从古至今，奸佞之人受到重用是什么原因？《傅子》说，奸佞之人善于养人的私欲，私欲很重的领导者喜欢奸佞之人。"唯圣人无私欲，贤者能去私欲也。"圣人是没有私欲的，贤者也能去除自己的私欲。"有见人之私欲，必以正道矫之者，正人之徒也。"看到人的私欲生起来，用正道来矫正、劝告，是正直的人。"违正而从之者，佞人之徒也。"看到人的私欲生起来，不仅不去劝告，反而还顺从他，一味地满足他，违背正道，就是奸佞之人。如果领导者以这样的标准考察下属，就能区分奸佞和正直。

历史上有很多臣子为了取悦君主，特别善于观察君主的喜好，一味地投其所好，君主喜欢听什么就说什么，喜欢什么就送什么。现在的贪官为什么被拉下水？原因就是有私心私欲，不是贪财就是贪色，或者贪名。喜欢钱就送他钱，喜欢色就送他色，喜欢名就让他出名，喜欢字画就送他字画，喜欢古玩就送他古玩。即使他自己不喜欢，还有他的家人喜欢，他的妻子、父母、儿女，他们喜欢什么就送他们什么，他们重视什么就讨好他们什么。结果，无一例外都被拉下水。古人说"无欲则刚"，只要人有欲求，有一样东西放不下，就没有办法达到高尚的境界。所以，古人说"人到无求品自高"，如果贪求财色名利，就会被人控制、蒙蔽。

除去贪求之外，君主如果不想被人蒙蔽，还要广泛地听取意见，使下面的言论传达到自己这里。《政要论》说："为人君之务在于决壅，决壅之务在于进下，进下之道在于博听。"为人君者最重要的是不能被人蒙蔽，不被蒙蔽的关键在于使下情上达。使下面的言论传达到君主这里，关键是广泛地听取众人的意见。"博听之义，无贵贱同异，隶竖牧圉，皆得达焉。"真正广泛地听取大众的建议，关键是做到贫富贵贱一视同仁，做奴仆的，乃至放牧养马的，他们的意见都能传达给君主。这样，君主的所闻、所听、所见会非常广博。"虽欲求壅，弗得也"，即使有臣子想蒙蔽也做不到。

但仅仅做到博听是不够的，明君还要善于辨别、认真考察，做到采纳有方。《群书治要·体论》说："夫听察者，乃存亡之门户，安危之机要也。""门户"是事物的关键，"机要"是关键的意思，"听察"是听取和考察各种意见，这是国家存亡安危的关键。"若人主听察不博，偏受所信，则谋有所漏，不尽良策"，假如君主不能广泛听取和明察，只接受亲信者的言论，谋划就会有疏漏。"若博其观听，纳受无方，考察不精，则数有所乱矣。"假如能广泛听取和考察，采纳却不得法，考察也不客观、准确，策略必然混乱无章。这是提醒做领导的，要广泛听察，听取建议的时候，必须认真地考察，不能什么话都听，不知道辨别。

唐太宗对房玄龄和杜如晦说："听闻古代帝王上合天心，以上天的仁慈之心来治国，因而能让天下太平；同时，这些帝王除了有仁爱之心外，还有股肱大臣的辅佐。"太宗体会到这一点，就广开直言之路，让臣子进谏。太宗广开言路的目的，当然是了解政事得失，看看老百姓有没有被冤枉的。"但是近来发现，有些上奏言事的人都是在揭发别人的隐私，谈论百官的缺点，而且非常琐碎，和国家的安定根本没有什么关系。"太宗说："考察历史，一些人攻击臣子的隐私，造成君主怀疑臣子，对臣子不信任。而一旦君王不信任臣子，下情就不能上达，臣子想竭尽全力地为国家出谋划策，可能也做不到。"

中国人做事非常讲究中庸之道，没有偏颇一边。鼓励犯颜直谏，提意见直言不讳，同时又懂得不能听谄媚的话，不能听诽谤别人的话，不能听不符合公义的话。不能因为没有见识的人专门告发别人的隐私，进献谗言，而去怀疑臣子，乱了君臣之间的关系，这样对国家一点帮助都没有。所以太宗下令，从今以后，假如有人上书攻击别人的隐私小恶，要定进谗言的罪。太宗皇帝一方面广开言路，另一方面也能分辨劝言的邪正，这样才能作出正确的决定。

如果有人举报某个干部有问题，无论是真是假，都会影响这个干部的提升，而进谗言的人、进行无理攻击的人却没有任何惩处，这就失之偏颇。唐太宗的做法很值得后人借鉴。这说明，要成为一个能纳谏的明君，非常不容易。首先，无欲则刚，要去除私欲，才能听得进谏言。第二，要博听，广泛地听取各方面的意见，使下情上达。第三，要有分辨能力，能够辨别忠奸、真假、是非。有时奸臣也会像忠臣一样，甚至表现得比忠臣还要忠诚，作为君主要懂得明辨。

"诸侯有争臣五人，虽无道，不失其国。"诸侯有五位直言劝谏之臣，即便无道，也不会失去他的国家。

《群书治要·吴志》说："兴国之君，乐闻其过；荒乱之主，乐闻其誉。闻其过者，过日消而福臻；闻其誉者，誉日损而祸至。"能使国家兴盛的君主喜欢听指正自己过错的话，而荒淫败乱的君主喜欢听赞美的话。愿意听自己过失的君主，过失一天一天消除，福分随之到来；而喜欢听美言的君主，德行一天一天受损，灾祸也随之降临。兴国之君和荒乱之主面对谏言的不同做法，会得到不同的结果。

《弟子规》提到"闻誉恐，闻过欣"。孔子的弟子子路"闻过则喜"，听到别人给自己指正过失，会非常欢喜地接受。禹"闻善言则拜"，有人给指正过失，提好的建议，他会给人行礼拜谢。因为他们知道，看到自己的过失是很难的；不知道自己有过失，就谈不上改过，也就谈不上提升。正是他们对谏言有这样的态度，属下才敢于，也愿意给他们提建议。君主不是圣贤人，还没有达到圣贤的程度，自然会犯这样或者那样的过失，如果有幸遇到犯颜直谏的忠臣，就有机会改正过失，成为明君。

《吕氏春秋》记载，楚文王得到了当时有名的茹黄狗和宛路箭，就去云梦泽田猎，三个月都不回来，不理朝政；从丹地回来还带了一个美女，每天莺歌燕舞，一年都没有上朝。太保申说："先王曾经占卜，认为我做太保是一件很吉祥的事，现在您的罪理应受鞭刑。"楚王说："能不能变换一个方法，不要用鞭刑责罚我？"太保申说："我承继的是先王的法令，不敢废除。如果您不受鞭刑，等于废弃先王的法令。我宁愿获罪于您，也不愿意获罪于先王。"楚王听了，说："好吧。"于是，太保申把席子拉过来，让楚王趴在上面，把五十根细细的荆条绑在一起，跪着把荆条放在了楚王的背上。如此做了两次，然后说："大王，您可以起来了。"楚王说："既然我理应受鞭刑，您就不如痛快淋漓地、名副其实地打我一顿。"太保申说："我听说，对于君主、对于君子，让他感到羞耻就可以；对于小人，才要他感到疼痛。如果感到羞耻都不改变自己的行为，让他感到疼痛又有什么帮助？"太保申说完，站起身走出去，请求楚王把他处死。太保申去觐见楚王的时候，就已经做好了赴死的准备。但即便是死，他也不愿意看着楚王犯过失而不去劝谏。楚文王说："这是我的过失，太保您又有什么过失？"楚王由此改过，把太保申召回来，杀了茹黄狗，折了宛路箭，把丹地的美女送了回去，一心一意治理楚国。最后，楚文王兼并三十九个诸侯国，扩大了楚国疆土。

楚文王之所以取得这样的功业，是因为有太保申这样众多的诤臣敢于犯颜直谏。假设楚王犯了过失，却没有太保申这样的人敢于指正，他可能会沉迷下去，再也不可能把楚国治理好。

《群书治要·昌言》说："人主有常不可谏者五焉：一曰废后黜正，

二曰不节情欲,三曰专爱一人,四曰宠幸佞谄,五曰骄贵外戚。"君主有五种情况,通常是不可以劝谏的。第一是废除皇后、废除太子。"废后黜正,覆其国家者也",废除皇后、废除太子可使国家倾覆,说明君主是下了很大决心才作出这样的选择。第二是对自己的情欲放纵、不节制。"不节情欲,伐其性命者也",不节制情欲,危害的是君主的性命,说明君主已经完全被欲望所左右。第三是专爱一人。"专爱一人,绝其继嗣者也",专宠一人,可能会断绝后代。所谓"情令智迷",说明君主已经迷惑颠倒。第四是宠幸阿谀奉承的人。"宠幸佞谄,壅蔽忠正者也",宠信谄谀奸佞之徒,会阻塞正直之人的上进之路。第五是骄贵外戚。"骄贵外戚,淆乱政治者也",放纵、重用外戚,会使国家政治混乱。

以上五种情况都不能犯颜直谏。"此为疾痛,在于膏肓;此为倾危,比于累卵者也。然而人臣破首分形所不能救止也。"这些情况,如果用病来比喻,是病入膏肓;如果用危险来比喻,是危如累卵。即使臣子肝脑涂地,也难以拯救。在这些情况下犯颜直谏,君主很可能不采纳臣子的建议,直谏的臣子很可能被处死。楚文王不节制情欲,而且宠爱一人,太保申仍然冒着生命危险去劝谏君王,极其忠义。正是太保申的劝谏,才改变了楚文王乃至整个楚国的命运。

进谏的方式有很多,不一定都是犯颜直谏。《孔子家语》记载,孔子将忠臣进谏的方式分为五种:一曰谲谏,二曰戆谏,三曰降谏,四曰直谏,五曰风谏。谲谏是郑重提出问题而委婉地进行劝谏;戆谏是刚直而没有任何文饰地劝谏;降谏是低声下气、降低身份地进谏;直谏是直言规劝;风谏即讽谏,用委婉曲折的语言来规劝。

无论采用哪种方式,都要依据具体的情境。魏徵能直谏,因为他面对的是唐太宗，一代明君。假如换成另外一个皇帝，那就要看具体情况。

东汉大儒马融仿效《孝经》写了一部《忠经》。在这部书中，他详细阐述了忠君之事。尽忠，首先要知上，要了解你的君主。不仅要知道他的脾气秉性，还要知道他的胸襟抱负，这样才能更好地奉事。知上的目的，并不是迎合、谄媚、巴结，获得宠信，那样做还是出于私心。知上的目的是更好地尽忠职守，和君主一同走在大道之上，把国家治理好。纠正君主的偏失也是这个目的。

在孔子看来，最好的进谏方式是讽谏，孔子说："吾其从风谏乎。"即不直接指责君主的过失，而是通过举例、比喻、引经据典、借物说理等方式进行规谏，其语言婉转含蓄，君主容易接受。

《战国策》里"邹忌讽齐王纳谏"的故事，就是一个讽谏的例子。战国时，齐威王有个臣子名叫邹忌，身高八尺有余，长得高大，相貌堂堂。有一天他看着镜中的自己，自我感觉良好，于是问妻子："我和城北的徐公比起来，谁比较英俊？"城北的徐公是闻名齐国的美男子。妻子回答说："徐公比您差远了，还是您比较英俊。"邹忌听了很高兴。没过多久，他又问他的妾："我和城北的徐公比起来，谁比较英俊？"妾也不假思索地回答说："他比您差多了，还是您比较好看。"邹忌听了很高兴。有一天朋友来找他，在谈话当中，邹忌又问朋友："我跟徐公比起来，谁长得英俊？"朋友说："当然是您了，他怎么能跟您比？"

过了一天，徐公到家里做客，邹忌很认真地观察徐公，心里想："徐公比我英俊得多，我怎么比得上人家？"等徐公走了，邹忌再照镜子，觉得自己比徐公实在差得太远。后来他想，明明我比徐公差太多，为什么我的妻子、妾、朋友都说我比较英俊？想来想去他想明白了：

原来"吾妻之美我者，私我也"，妻子是偏爱我，因为她有偏私，所以看不清楚。这是《大学》所说的"身有所好乐，则不得其正"，也就是一般人所说的"情人眼里出西施"，因为太喜欢一个人，所以怎么看都喜欢，怎么看都漂亮，看不出什么问题，看不出什么缺点。"妾之美我者，畏我也"，妾之所以说我长得比较帅，是因为她怕我不宠爱她。这是"身有所恐惧，则不得其正"，心里有恐惧，看问题看不清楚。"客之美我者，欲有求于我也"，朋友说我长得英俊，是因为有求于我。

一天，邹忌将此事讲给齐威王，齐威王觉得很有意思。邹忌话锋一转，说道："我们齐国有千里之地，有一百二十多座城池。您身边的女子，每一个对您都有偏私，都讲好话给您听。我才有一个妾惧怕我，但是朝廷所有的大臣都惧怕您。我身边只有三个人迎合我，我已经搞不清状况，自认为比美男子徐公都英俊，而全齐国的人都有求于您，在这种情况下，您还能看清楚事实的真相吗？还能不被蒙蔽吗？"齐威王很有智慧，赞叹说："您说得太好了！"齐王自省，并且提出了具体的做法："从现在开始，能当面指出我问题的，受上赏；能上书指出我问题的，受中赏；在一些公共场合能准确议论我的过失，并传到我耳中的，受下赏。"

齐威王的这个举措一公布，门庭若市，臣民百姓纷纷给他进献谏言。过了几个月，慢慢地少了，偶尔还会有人进谏。一年后，齐威王的过失几乎都改了，老百姓和臣子没有什么意见可提了。燕国、韩国、赵国、魏国听说这件事后，都来拜见齐王。因为齐威王的德行，国家强盛，别的国家不敢冒犯他，还很恭敬他。这就是古人所说的"战胜于朝廷"。能有这样的效果，是因为君王有德。在朝廷施行德政，善于听从不同的意见，明察自己的过失，消除施政的弊端，结果不动一兵一卒，就能让别的国家佩服、敬畏。试想，这么多人给齐威王谏言，肯定有和他完全不一致的意见，但是他都欣然接受，所以才出现诸国敬服的景象。

"大夫有争臣三人，虽无道，不失其家。""家"，段玉裁《说文解字注》："天子诸侯曰国，大夫曰家。"《康熙字典》："大夫之邑曰家。"所以，这个"家"不是现在所讲的家庭的"家"，而是指大夫所治理的区域。大夫的采地、食邑称为家。这种意义上的家，在经典中经常出现，例如《孟子》："王曰：'何以利吾国？'大夫曰：'何以利吾家？'"

现在提倡学文字学，是因为同样一个字，例如"家"，古时有具体的含义，在经典中也有不同的意思。如果没有深入，按照现在的小家庭去理解，就不会明白什么叫"家国同构"。

诸侯所治理的区域称为国，卿大夫所治理的区域称为家。家和国都表示一定的治理、管辖区域，有相似的政治架构和社会功能，只是大小和级别不同。所以，在这种意义上，中国传统文化中讲"家国同构"。

"士有争友，则身不离于令名。""令"是善的意思。因为士没有臣子，所以靠贤友来辅助自己。唐玄宗注解："益者三友。"邢昺疏："《论语》文，即友直，友谅，友多闻，益矣是也。"《论语》又云："子贡问友，子曰：'忠告而善道之。'"善名是因为接受忠言劝告而后才成就的。"忠告而善道之"，这样的人才称为友。

《论语》中孔子曰："益者三友，损者三友。友直，友谅，友多闻，益矣。友便辟，友善柔，友便佞，损矣。"有益的朋友有三种，有害的朋友也有三种。与正直无私的人交友；与懂得宽恕的人交友；与见闻广博的人交友。交这三种朋友，对自己的德行有益处。

"友直"是正直的朋友，心中没有弯弯绕绕。想交到正直的朋友，自己首先要正直。如果自己不是一个正直的人，也不会和正直的人成为朋友。

"友谅"是懂得宽恕的朋友，这样的朋友对一切事情都能宽恕，不苛刻要求，不把别人的过恶记在心里。很多地方把"谅"解释为"信"，但是"信"和"直"字很接近，因为直者必信，所以"谅"解释为"恕"更合适。和懂得宽恕的人交朋友，自己没有压力，心情会很好，很自然。

"友多闻"是博学多闻的朋友。多闻的人通达，遇到事情能提起经典中的教诲，不会钻牛角尖儿。和这样的人交朋友，可以帮助自己解决困惑。《礼记·学记》说："独学而无友，则孤陋而寡闻。"要避免孤陋寡闻，就要交博学多闻的朋友。

"博学"，学的是什么很重要，特别是在知识爆炸的现代社会，学得越多不一定越有智慧。博学，主要学的是圣贤之道，通达儒释道的学问，这样才有能力辨别是非邪正，不被蒙蔽、欺骗。博学，不仅为了学习知识技能，更要以开智慧为目的，要做到博而不杂。例如"善财童子五十三参"的故事中，善财童子去参访五十三位善知识，这些善知识来自各行各业，修学的方法各不相同。参访完毕，善财童子的态度是四个字："恋德礼辞。"恋德是感恩，礼辞是恭敬辞别。意思是你们修学的方法、理论我知道了，但我还是坚持自己的方法。这告诉我们，一定要精、要专一。老师教学生最怕的是，学生跟这个老师学几天，跟那个老师学几天。这样的学生是教不出来的，一般的老师不愿意教，也教不了这样的学生。

三种损友是："友便辟"，这种人善于逢迎，很会说话，言语巧妙，绝不得罪人。他们恭谨周旋、顺承他人，但是很可能失去正直。"友善柔"，这种人善于伪善奉承、面柔，面柔是"巧言令色"中的"令色"。"友便佞"，这种人善于言辞、巧言善辩，无理也可以辩三分。

以上这三种朋友，都是损友。《弟子规》讲："闻过怒，闻誉乐，损友来，益友却。"听闻过失就生气，听闻称誉就欢喜，对你有害、对德行有损的朋友就会来，而对你有益、对德行提升有帮助的朋友就会走。《弟子规》又讲："闻誉恐，闻过欣，直谅士，渐相亲。""闻誉恐"，听到别人赞叹自己就战战兢兢，担忧是不是别人过誉了？"闻过欣"，听到别人说自己的过失，会像大禹一样欢欣喜悦地接受。这样，正直、宽容、诚信的朋友就会和自己亲近。

《弟子规》讲："善相劝，德皆建；过不规，道两亏。"交朋友最重要的是互相劝善，看到朋友有过失而去规劝，两个人在德行上都会有提升。看到朋友有过失而不去规劝，两个人都会亏失道义。《弟子规》又讲："能亲仁，无限好，德日进，过日少。"能亲近仁德的人，和有仁德之心的人交朋友，自己的德行每天都会增长，过失每天都会减少。

总之，有益的朋友是能看到你的过失并且劝谏的朋友，是帮助你提升自己、改过迁善的朋友。所以，士人若有直言规劝的朋友，就不会失掉美好的名声。现在的读书人，很难遇到能直言规劝的朋友，能直言说出自己毛病的，好像只有家人。

"父有争子，则身不陷于不义。"邢昺疏："《内则》云：'父母有过，下气怡色，柔声以谏。谏若不入，起敬起孝，说而复谏。'《曲礼》曰：'子之事亲也，三谏而不听，则号泣而随之。'言父有非，故须谏之以正道，庶免陷于不义也。"

《礼记·内则》说，父母有过失，做儿女的应该低声下气，用欢愉的表情、温柔的声音来劝谏。劝谏不被接受,还要更加恭敬,待父母欢悦、心情好的时候,再去进谏。《礼记·曲礼》说,三次劝谏,如果父母还是不听,"号泣而随之",应该哭着再去进谏。父母有过失,要用正道来劝告,不使父母陷于不义。

"故当不义则争之。从父之命,又焉得为孝乎?"因此,当父亲有不符合道义的行为,作为人子一定要劝谏。只是一味地顺从,怎能称得上是孝?

《群书治要·昌言》记载:"侍奉双亲,不要离开父母身边,不会因为劳累困辱而倦怠,要听从父母的话,满足父母的期望。孝子看到父母身体不安,会睡不着觉;看到父母食欲不佳,自己也难以下咽。终生都孜孜不倦地这样做,就不会遭到父母的厌恶。"

同样的道理,奉事君主,要避免拈轻怕重,认真完成所有任务。如果获得君主赏识,不能恃宠而骄,反而要更加敬业;如果怀才不遇,不要心怀怨恨,反而要更加勤勉。无论安危还是险易,都不改变志向和忠诚。终生都孜孜不倦地这样做,就不会遭到君主的憎恶。

与人交往,应该做到仁爱、宽恕、谦逊、礼让。忠诚发自内心,信用显扬于外,不听流言蜚语,爱憎没有偏私。不因为喜欢这个人,就对他好一些;也不因为不喜欢那个人,就对他厌恶。私下不责备别人;和朋友相聚,多说别人的长处。辜负自己的人,要对他更加宽厚;怀疑自己的人,要对他更加真诚、更加信任。别人有祸患、灾难,一定要去帮助,暗中施恩于人而不图回报,暗中立功而不求为人所知。终生都孜孜不倦地这样做,就不会遭受他人的憎恶。

侍奉父母,如果不为父母理解、认可,一定是孝行尚未做到至善圆满;在工作上,如果不被领导理解、认可,一定是忠诚没有做到位;与人交往，如果不被人理解、认可，一定是信义没有做到位。

但行孝并不是一味地顺从父母，有时违背父母也同样是孝。那么，什么时候可以违背父母？"父母怨咎人，不以正己，审其不然，可违而不报也。"如果父母埋怨、怪罪别人，而不知反求诸己、端正自己，这时，做儿女的可以违背父母之命，不去报复别人。

"父母欲与人以官位爵禄，而才实不可，可违而不从也。"如果父母要给无才无德之人官位爵禄，可以违背父母之命。

"父母欲为奢泰侈靡，以适心快意，可违而不许也。"如果父母追求奢侈靡费的生活，可以违背父母之命。

"父母不好学问，疾子孙之为之，可违而学也。"如果父母不喜好圣贤教诲，还反对子孙求学圣贤教诲，可以违背父母之命。

"父母不好善士，恶子孙交之，可违而友也。"如果父母不喜欢贤良之士，还反对子孙和这些人交往，可以违背父母之命。

"士友有患故，待己而济，父母不欲其行，可违而往也。"如果朋友遇到困难，需要自己帮助，却遭到父母反对，可以违背父母之命。

"故不可违而违，非孝也；可违而不违，亦非孝也。"不该违背的却违背了，这是不孝；应该违背的却没有违背，也是不孝。以什么标准来判断该不该违背？"好不违，非孝也；好违，亦非孝也。"一味地讲不违背父母之命是不孝，一味地讲违背父母之命也是不孝。"其得义而已也"，主要看父母所做的事情是否符合道义。符合道义的应该去做，不符合道义的不应该去做。古人说"从道不从君，从义不从父"，最终还是以道义为旨归。

古人从来没有讲过愚忠愚孝，而是讲做父母的、做君主的有过失、违背道义的时候，做儿女的、做臣子的要去劝谏，这才是尽到责任。

第十五讲　齐景公和晏子的道义之交

这一讲来学习《孝经·事君章》。这一章讲述君子如何移孝作忠，奉事君主，才能达到同心同德、相亲相爱的结果。

【子曰："君子之事上也，进思尽忠，退思补过，将顺其美，匡救其恶。故上下治，能相亲也。"】

孔子说："君子奉事君主，在朝为官时，想着如何忠于职守；退朝而归，想着如何补救自己的过失。对君主的美德善政，顺从施行；对君主的过恶，要帮忙匡正。上下得治，并能相互亲爱。"

"进思尽忠"，"进"有几种解释。第一是入仕，每日进入朝堂，身在君主之侧，参与谋划国家大事，叫"进"。正如邢昺在注疏中说："言入朝进见，与谋虑国事，则思尽其忠节。《说文》曰：'忠，敬也。'尽心曰忠。"君子入朝堂进见君主，参与谋划国家大事，要想着如何忠于职守。"忠"，古人解释为尽心竭力，竭尽全力、竭忠尽智地完成领导交给自己的任务，就是忠。

"进"的第二种解释是加官进爵。被重用提拔之时，要考虑如何尽忠，全心全意、尽善尽美地做好忠君之事。无论哪种解释，重点都是强调为官不是为了私利、不是为了升官发财，而是更好地为人民服务，为国家奉献。《千字文》讲："孝当竭力，忠则尽命。""尽命"是全心全力，甚至牺牲自己的生命也在所不惜。

假如是地方官，尽忠还表现为尽心尽力爱护百姓，把政事办好。要把教化摆在第一位，唯有重视伦理道德教育，才能让人理得心安，过上幸福美满的生活。

《群书治要·申鉴》记载，臣子尽忠有三种策略："忠有三术，一曰防，二曰救，三曰戒。"第一是预防，第二是补救，第三是告诫。防，"先其未然谓之防也"。要懂得防患于未然，错误还没有造成，懂得提前劝谏、制止，把问题化解于无形。救，"发而进谏，谓之救也"。事情已经发生，但是刚刚萌芽，就赶紧劝谏、补救。戒，"行而责之，谓之戒也"。问题已经造成，产生了消极影响，引以为戒，拿这件事来警诫君王。"防为上，救次之，戒为下。"防是上策，救是中策，戒是下策。

《群书治要·桓子新论》记载，淳于髡来到邻居家，看到灶台上的烟囱建得很直，而柴火就堆在灶台旁边，于是提醒邻居，这样恐怕会引起火灾，建议把烟囱做得弯曲一点，把柴火搬到远离灶台的地方。但是，邻居当成耳旁风，并没有听从。后来，邻居家果然发生火灾，把房屋也烧着了。周围的人赶来救火，火被扑灭后，邻居家杀羊摆酒，犒劳这些帮忙灭火的人，却没有去请淳于髡。有智慧的人讥讽说："教人曲突远薪，固无恩泽；焦头烂额，反为上客。"可见，没有智慧，就不懂得防患于未然，分不清哪个轻哪个重，不知道到底应该更加感恩谁，还会舍近求远、本末倒置。

"盖伤其贱本而贵末。"这种做法实在令人感叹，不重视根本而重视枝末，本应以预防为主，根本不让火灾发生，而不是等起火后再去救火。人们往往看重问题发生后的处理，觉得那些帮助灭火的特别有功，看事情比较肤浅，看到的都是眼前之利，分不清本末轻重。

"岂夫独突薪可以除害哉"，难道只有曲突徙薪可以预防灾祸？防患于未然的道理可以延伸到方方面面，治国、治病都是如此。"而人病国乱，亦皆如斯，是故良医医其未发，而明君绝其本谋。后世多损于杜塞未萌，而勤于攻击已成，谋臣稀赏，而斗士常荣。"上医、良医医未病，而不是医已病，病还没有形成就懂得预防。同样的道理，真正圣明的君主，应该从根本上杜绝动乱。动乱的形成实际上要很长一段时间，人心还没有偏颇，就把人教育好，导归正途，哪里还会发生后面的动乱？后世往往忽略防微杜渐的重要性，认为带兵平乱的将军功劳最大，而那些事先提出要防微杜渐、未雨绸缪的有智慧的臣子却未受到奖赏，不被重视，这就叫"谋臣稀赏，斗士常荣"。

"犹彼人，殆失事之重轻"，就像有些人看问题，看不清本末轻重。"察淳于髡之预言，可以无不通"，通过淳于髡的例子，可以举一反三。各行各业处理任何问题，懂得防微杜渐才是更节省成本的做法。"此见微之类也"，这是见微知著的例子。

"良医医其未发"，中国人讲上医治未病，不治已病。《群书治要》记载，魏文侯听说扁鹊医术很高明，有一次特意把他请来，向他请教："我听说你有两个哥哥也是医生，你们兄弟三人究竟谁的医术最高明？"扁鹊很诚实，他说："我大哥医术最高明，因为他给人讲养生之道，按照他的建议来生活，基本上不会得病，但是他的名声出不了病人这一家，只有这家人知道他的医术高明。我二哥医术次之，他是在病人有小小的征兆时给予对治，不会发展成什么大病，但是他的名声出不了病人所居住的这条街。我是三兄弟中医术最差的，但是我的名声最大。病人已经病入膏肓，我不得不采取一些大的手段。例如，钳开他的血脉，再给他吃一些有副作用的汤药，三下五除二把他从死亡线上拽回来。大家一看，都非常佩服，说扁鹊妙手回春，可以起死回生。所以，我的名声传遍了整个国家。"

由此可知，中国人的智慧讲究防患于未然、防微杜渐。但是一般人看得不够深远，误以为中医没有西医高明，中国的管理不如西方的有效。实际上，中国人懂得把问题处理在萌芽阶段，这种智慧不是一般人看得懂的。为什么古人特别重视伦理道德教育？为什么治国特别强调"建国君民，教学为先"？原因也在这里。古人说，"礼者禁于将然之前，法者禁于已然之后"，通过伦理道德教育可以把人教好，根本不会去犯罪，这比在人犯罪后再通过法律制裁有效得多。

周成王、周康王治下的"成康盛世"，能达到"刑措不用，囹圄空虚"的境界，监狱里没有犯人，刑罚搁置不用。怎样达到这样的治理境界？其实就是秉持"建国君民，教学为先"的理念，依靠的是伦理道德的教育。历史上的"文景之治""贞观之治""康乾盛世"等，都是因为重视儒家伦理道德的教育而盛极一时。

古人说"刑期于无刑"。中国人并非不重视刑罚的设置、法律监督机制的完善，中国虽然有完善的法律监督机制和刑法体系，但设计刑罚的目的并不是处罚人，而是希望达到不必使用刑罚的效果。孔子说："听讼，吾犹人也，必也使无讼乎！"孔子当司法官员审理诉讼案件的时候，和一般的法官没有什么不同。而不同的地方在于，他除了按照实情给予公平的审判之外，还特别重视伦理。

道德教育，使人不起争讼。"不教而杀谓之虐"，孔子说，事先没有伦理道德教育，人们不知道自己在伦理关系中的责任和本位，做了坏事、犯了罪，就给予处罚，等于是虐杀。所以，首先要让人明了伦理道德，人人都接受圣贤教育，人人都有羞耻心，不愿意也不敢去犯错。

隋朝有位官员叫梁彦光，刚到相州做刺史，他感到当地人心比较险恶、苛刻。作为地方官，他不仅没有指责、轻视、嘲笑，反而生起怜惜之心。"人之初，性本善"，这些人之所以这样，是因为没有受过教育，才会言行偏颇。其实，这样的人是非常可悲的。梁彦光马上请了很多有学问的大儒开设学校，教化百姓。要教化百姓，首先必须尊师重道，"师严然后道尊，道尊然后民知敬学"，老百姓都知道尊师重道，才会重视伦理道德教育。过了一段时间，整个相州地方开始重视礼义廉耻，重视伦理道德。由此可知，人是可以教得好的，要看怎么教，用什么教。

当地有一个人叫焦通，不知道孝敬父母，堂兄弟告发了他。梁彦光没有马上治他的罪，因为"不教而杀谓之虐"。还没有教育他、告诉他做人的本分，他不知道自己犯了错，如果处罚他，就变成苛虐。梁彦光把焦通带到孔子庙，孔子庙恰巧有幅画，画的是"伯俞泣杖"的故事。梁彦光指着这幅画给焦通讲：有一次，伯俞的母亲打他，伯俞痛哭。母亲感到很奇怪，儿子从小到大犯过很多次错误，每次处罚他，他从来都没有哭过，这次不仅哭了，还痛哭流涕。母亲问儿子，伯俞回答："以前母亲打我，我都能感觉到痛，但是今天已经感觉不到痛了，这说明母亲年纪大了，身体越来越弱。不知道我还能孝养父母多长时间，一想到这儿，我就很难过。"梁彦光把"伯俞泣杖"的故事娓娓道来。焦通听后，开始忏悔反省，最后痛改前非，成为当地的君子。作为地方官，尽忠职守的一个重要表现是爱民，爱护百姓的一个重要方面是教化人、提升人，使这个地方的百姓受到圣贤教诲，影响几代人。

教育的功德是无量的，因为听课的人有家长、有校长、有企业家、有地方政府官员。当这些人接受了圣贤教育，学习了传统文化，自己的人生得以改变，会影响更多的人。一位校长背后不知道有多少老师，一位老师背后不知道有多少学生，而学生的背后又不知道有多少家庭，这些学生长大成人，又要生儿育女，他们的后代又将成为校长、老师、政府官员。看似改变了一个人,实际上影响的人不计其数。在这个世界上,最值得尊敬、最有意义的职业之一就是老师。教书育人,传道授业解惑,让人明白伦理道德,在灵性、道德上都有所提升。

教人首先正己,《说文解字》把"教"解释为"上所施,下所效也"。历史上的大教育家孔子,既没有钱也没有权,但是三千弟子、七十二贤人。无论他走到哪里,弟子们就追随到哪里,不离不弃。因为孔子所讲的话,自己首先都做到、落实了,弟子们十分佩服,愿意跟着他学习。所以,教人首先教己,正己才能化人。言教的力量有限,言传身教才能真正地改变人。

所以,对于尽忠,要有正确而全面的理解。君主遇到危难,臣子要与君主共患难,更要懂得防患于未然的道理。

《群书治要·晏子》记载,齐景公向晏子询问:"忠臣应该如何辅佐国君?"晏子回答说:"国君如果有危难,忠臣不跟着去死,不跟着国君共赴劫难;国君如果出外逃亡,忠臣不去送行。"景公听了,很不高兴地说:"国君把地分封给大臣,让他们富足,还给他们爵位,让他们尊贵。国君对大臣这么好,为什么国君有难,大臣不跟国君共患难?国君逃亡,大臣连送都不去送,这又是什么道理?"晏子回答说:"如果忠臣的谏言被国君采纳,国君一生都没有危难,忠臣何须送死?"劝谏是君子尽忠的三种方式之一。忠臣的智慧表现在灾祸还没有形成前,防患于未然,或次之,稍微有一点迹象,就可以弥补,将问题化解于无形之中。所以,晏子说:"言而见用,终身无难。"然而,国君更关注的问题是,在自己遭难的时候,有没有人跟自己共患难。实际上,这是出于情感上的考虑,是情执,没有做理智的分析。国君应该想着如何把国家治理好。作为领导者,不应当感情用事,而应该遵从理智,只有运用智慧才能洞察先机，防微杜渐。晏子这样说，是提升齐景公看待事情的智慧。

晏子接着说："若言不用，有难而死，是妄死也。"如果大臣的谏言不被采纳，国君有了危难，大臣还跟着去死，那是盲目地白白送死。"谋而不从，出亡而送，是诈伪也。"进献了很多谋略，国君都不采纳，最后国君出逃，臣子还去送行，这样的行为是虚伪。"忠臣也者，能纳善于君，而不与君陷于难者也。"忠臣是能向国君进献善言，提早引导国君看到根本迹象，然后将问题化解，而不是与国君一起陷入危难的境地。这叫"进思尽忠"。

"退思补过"，"退"的第一层意思是退朝。邢昺疏："退朝而归，则思补君之过失。"第二层意思是贬退、贬官。第三层意思是退隐、归隐。"补过"的"补"也有两方面的含义，第一是弥补君王的过失；第二是弥补自己的过失。当一个人被贬官，不能怨天尤人，要反省自己的过失，想着如何弥补自己的过失。中国古人讲："行有不得，反求诸己。"自己被贬官，一定有内在的原因，这才是最重要的地方。如果怨天尤人，不仅解决不了问题，人生还会走上更加错误的道路。

"将顺其美，匡救其恶。"唐玄宗曰："将，行也。君有美善，则顺而行之。"君主有美德善行，要顺势而行，促成他的美善，不能随顺君主的恶行，对君主的恶行要劝谏、匡正。小人出于自私自利之心，所以会一味地顺从君主的恶行。

《韩子》讲，君主一定要远离小人。那什么样的人是小人？凡是小人，会顺着君主的心思去说、去做，目的是取得君主的信任和宠幸。君主认为什么好，他一定跟着赞叹什么；君主讨厌什么，憎恶什么，他一定跟着毁谤什么。这是小人最大的特点。

忠臣恰恰相反。忠臣不忍心君主犯过失，一定会极力进谏，甚至不惜冒着生命危险，这样的人才被称为忠臣。忠臣想的不是自己的位子提升，而是想着整个国家的前途命运、人民的福祉。忠臣这样做的结果是"上下治，故能相亲也"。这句话在金泽文库本和元和本都写作："**故上下治，能相亲也。**"在通行本、天明本都删去了"治"字。我们还是从金泽文库本选"上下治，能相亲也"，意思是上下得治，上下都治理得很好，彼此能相亲相爱。上下得治已经很不容易，彼此又能相亲相爱就更加不易，而这恰恰是中国式管理的一大特点。

中国人把君臣之间的关系看成一体的关系，所谓一体，就像一个身体，领导者是头脑，被领导者是四肢。君臣一体，互相感恩，互相协作，彼此相亲相爱，才能把国家治理好。**中国式管理最大的特点是"君仁臣忠"**。《孟子》说："君之视臣如手足，则臣视君如腹心。"领导者把被领导者当成自己的手足一样加以重视、关爱，被领导者对领导者就会像对待自己的心腹一样加以重视、关爱。古人说："二人同心，其利断金。"如果君臣之间能保持这样一种同心同德、荣辱与共的关系，力量会非常大。

相反，"君之视臣如犬马，则臣视君如国人"。领导者把被领导者当成犬马来使唤，像现在某些企业家，认为员工是自己花钱雇来的，员工出力是理所当然的，被领导者也会把领导者视为陌生人，没有太多的亲近和感恩之情。下班后，员工在超市碰到领导，都是一低头，装作没看见就过去了。

"君之视臣如土芥，则臣视君如寇仇。"领导者把被领导者的生命视为泥土和小草一样低贱、不值钱，随意践踏，被领导者说起领导的时候都是这样的："我们那个领导简直是个吸血鬼，甚至连吸血鬼都不如",痛恨得像仇敌一样。

《孝经》讲:"进思尽忠,退思补过,将顺其美,匡救其恶。"臣子用这样的态度对待君主,结果会上下得治,君臣一体,同心同德。

中国古代君臣之间的关系,既是君臣,又如头脑与手足。《蒋子万机论》讲:"夫君王之治,必须贤佐,然后为泰。故君称元首,臣为股肱,譬之一体相须而行也。"君王治理国家必须有贤德的人辅佐,才能安泰。所以,君主被喻为头脑,臣子被称为四肢,谁也离不开谁。彼此相互需要、相互协调,才能把国家治理好。"故古之君人者于其臣也,可谓尽礼矣,故臣下莫敢不竭力尽死,以报其上。"所以,古代君主对于臣下是极尽礼义,臣下对君主则是尽心竭力、鞠躬尽瘁。这是孔子所说的"君使臣以礼,臣事君以忠"。做君主的要懂得以礼来对待臣子,不能把臣子当成替自己打杂的人,什么事情都交代臣子去办。像现在的企业,有总经理、副总经理,这都是企业的高管。总经理不能随意支使副总经理,让他们去做一些微不足道的小事,否则,很难留住人才。

《晏子》记载,晏子陪伴着齐景公,早晨天气非常寒冷,齐景公便说:"请给寡人盛碗热饭。"晏子说:"我不是为君主端饭的臣子,不敢从命。"齐景公说:"请给寡人准备衣服、裘皮褥子。"晏子说:"我不是负责为君主穿衣铺席的臣子,因此仍不敢从命。"齐景公问:"那你能为寡人做什么?"晏子正色回答道:"我是社稷之臣。"齐景公问:"何谓社稷之臣?"晏子说:"能够稳定国家,区别上下各自的本分,使其做事合乎道理;规定百官秩序,让他们各得其所;所言的辞令,可以传遍四方。这就是社稷之臣。"从此,凡是按礼仪规定不该晏子做的事,齐景公再也不找晏子。

正因为景公能礼遇晏子，所以晏子也竭尽全力地辅佐景公，经常为他讲解治国的道理，而且不失时机地纠正他的错误。《晏子》记载，有一年冬天下了大雪，三天都没有见晴。齐景公披着白狐裘坐在堂上。这时晏子来见景公，站了一会儿，齐景公说："真奇怪啊，雪下了三天也不觉得寒冷。"晏子听了，问："天气真的不寒冷？"被晏子一问，齐景公觉得有点不好意思。

晏子接着说："婴闻古之贤君，饱而知人之饥，温而知人之寒，逸而知人之劳，今君不知也。"晏子批评齐景公："我听说古代的贤君，自己吃饱了，便想到还有百姓在挨饿；自己穿暖了，便想到还有百姓在受冻；自己很安逸，便想到百姓的劳苦。可惜君主您现在却感觉不到。"景公很难得，他觉得晏子说得对，马上赞叹："善！寡人闻命矣。"你说得太好了，寡人明白了你的教诲。于是，马上命令取出仓库中的皮衣，同时开仓放粮，救济那些挨饿受冻的百姓。正因为齐景公能礼遇晏子这样的贤臣，在晏子的辅佐之下，他也做到了循义而治。

读《晏子》这部书，从齐景公和晏子之间的对话，可以感受到他们之间君仁臣忠的道义。齐景公对晏子非常礼敬，几乎言听计从，而晏子更是竭尽全力来劝谏、教导景公。

有一次景公外出游览，向北仰望，看到齐国的都城不免感叹："唉，假如自古没有死亡，那该多好！"晏子回答说："以前，天地将人的死亡看成好事，因为仁德之人可以休息，不仁德的人终于可以藏伏。假如自古没有死亡，那么丁公、太公将永远享有齐国，桓公、襄公、文公、武公都将辅佐他。而君主您只能戴着斗笠、穿着布衣，手持大锄小锄，蹲行劳作于田野之中，哪里还有工夫忧虑死亡？"齐景公听了很不高兴。

没过多久，梁丘据乘着六匹马拉的车从远处赶来，齐景公说："梁丘据跟寡人是很和谐的人。"晏子说："他和君主只是气味相投。所谓和，如果用口味来打比方，君主尝出甜味，臣子应该尝出酸味；君主觉得味淡，臣子应该尝出咸味。但是梁丘据不同，君主说是甜味，他也说是甜味，这称为气味相投，怎能称得上和谐？"晏子又一次拂了景公的面子，景公很不高兴。

过了一会儿，景公向西望去，突然看见彗星，于是便召见伯常骞，要他祈祷让彗星隐去。晏子说："不可，这是上苍在教诲人民，用以警诫人不恭敬的行为。如果君主能修文德、纳谏言，即使不祈祷，它也会自行消失。而现在君主好酒贪杯、连日作乐、不整改朝政、纵容小人、亲近谗佞、喜欢倡优，这样下去，何止彗星，就连孛星也会出现。"意思是说会有更不好的征兆出现。齐景公听了，更加不高兴。

这事过去没多久，晏子去世。齐景公走出门外，背靠着照壁而立，叹息说："昔者从夫子而游，夫子一日而三责我，今孰责寡人哉？"以前先生伴寡人出游，一日三次责备寡人，现在还有谁来责备寡人？

由此可见，爱之深，责之切。晏子感恩景公的信任，不希望他犯错误，总是抓住一切可能的机会来劝导他。如果一位领导者身边有一位老师般的人物，看到领导者有问题敢直言不讳，这位领导者一定不容易犯大的错误。古代的明君都以得到犯颜直谏的臣子为幸事，甚至想方设法地引导臣子指正自己的过失。

现代社会，除了父母之外，很少有人能直言不讳地指正自己的过失。因为父母爱子心切，不忍心看到孩子有问题而不去指正。父母经常是不管孩子高不高兴，都要给孩子指正，做儿女的却不能体会父母的良苦用心，甚至还逆反，与他们对立。

古人说："士为知己者死。"读书人讲求道义，如果遇到一位能尊重他的领导者，他就会肝脑涂地，报答君主的知遇之恩。而回报的最好方法，就是帮助君主提升，所以他才会直言不讳。正如《易经》所说："王臣蹇蹇，匪躬之故。"臣子忠厚老实、犯颜直谏，不是为了自身的安危，而是想匡正君主的过失。君主有过失是危亡的征兆，不去劝谏，就是无视君主陷于危亡的境地。忠臣不忍心看着君主处于危亡的境地而不顾，爱之深，则责之切。如果君主周围有人直言不讳指正君主的过失，甚至冒着"大不敬"的罪名，还能劝谏、提醒君主，这才是真正为君主着想、忠心的人。

从晏子对齐景公的谆谆教诲，更能体会到晏子的忠心。晏子的忠心还有多种表现。《晏子》这样评价："晏子相景公，其论人也，见贤即进之，不同君所欲；见不善则废之，不避君所爱。行己而无私，直言而无讳。"晏子作为国相，他待人的原则是，看到贤德之人会推荐，不求与君主的想法相同；看到不贤德的人会罢免，不避开君主所宠爱的人。自己的所作所为不存私心，规劝君主直言不讳。

有一个故事，可以感受到晏子的无私。晏子上朝的时候，乘坐破旧的车子，驾着劣马。齐景公看到这种情景，说："是不是先生的俸禄太少，不然为何乘坐如此破旧的车？"退朝后，景公很关心晏子，派梁丘据给送去一辆大车，但去了好几次，晏子都不接受。齐景公很不高兴，派人立刻召晏子进宫。晏子来了，齐景公说："先生如果不接受寡人所赠的车马，寡人以后也不乘车马。"晏子说："君主让我监督群臣百官，因此我节制衣服、饮食的供养，为的是给齐国的百姓作出表率。尽管如此，我仍然担心百姓会奢侈浪费。君主您乘坐的是四匹马拉的大车，我作为臣子，也乘坐四匹马拉的大车，对百姓中那些不讲礼义、衣食奢侈而不考虑自己行为是否得当的人，是不好的示范。"最终，晏子还是没有接受齐景公的好意。

换句话说，齐景公想送晏子一辆高级轿车，这辆车的级别很高，与景公自己乘坐的车子级别是相等的。这在一般人看来是多大的荣宠，是君主所赐，又那么高档，说明自己受到君主的礼遇。但是，晏子考虑到这样做有违礼义，还会带动全国兴起奢侈之风，所以还是拒绝接受。从这个故事可以看到，晏子没有私心，对景公忠心耿耿，一心辅佐他把国家治理好。所以，晏子过世，景公非常哀痛。

《晏子》记载："景公游淄，闻晏子卒，公乘而驱。"齐景公出游淄川，听说晏子过世的消息，急忙乘车赶回。"自以为迟，下车而趋，知不若车之速，则又乘。"齐景公觉得车跑得慢，于是跳下车来奔跑，但是发现自己跑得还不如坐车快，又上车疾驰。"比至于国者，四下而趋，行哭而往。"到达都城后，他在路上先后四次下车奔跑，边跑边哭。"至伏尸而号曰：'子大夫日夜责寡人，不遗尺寸，寡人犹且淫佚而不收，怨罪重积于百姓。'"赶到晏子家，趴在晏子遗体上失声痛哭，说："大夫啊，您经常批评寡人的过错，大事小事无所遗漏。尽管如此，寡人仍然奢侈放纵而不知收敛，因此百姓有很多积怨。""今天降祸于齐，不加寡人而加之夫子，齐国之社稷危矣，百姓将谁告夫？"齐景公说："如今上天降灾于齐国，却没有降在寡人身上，先降到先生身上，齐国江山危险，百官中还有谁能指出寡人的过失？"

由此可知，齐景公的哀痛出于为君者对臣子的一种自然而然的感恩之心。在那一刻，齐景公回想起晏子从前辅佐自己的时候，点点滴滴的教诲，不失时机地劝导，苦口婆心地劝谏，忠心耿耿地付出。这种哀痛之情是君臣有义的自然流露，是君臣在多年相处的过程中慢慢积累起来的。

可见，古时贤君忠臣之间确实是以道义相交，所以能天荒地老；而现在的一些人，是以功利与人相处，人与人之间是一种互相利用的关系，很少有恩义、情义、道义可言，结果是"以利交者，利尽而交疏；以势交者，势倾而交绝"。人若是以利益相交，利益没有了，交情也会疏远；彼此是以权势相交，势力倾覆，交情也会断绝。唯以道义相交，才经得起考验，天长地久。

古代君臣之间是一种道义之交，是君臣一体、相互感恩、相互团结、相互付出的关系。正因如此，国家上下得治，君臣彼此相互信任、同心同德。